MATHEMATICAL THINKING & LOGIC

2판

수리적 사고와 논리

양영오 · 송석준 · 정승달 · 진현성 · 박진원 지음

청문각

머리말

수학은 자연과학, 공학, 경제학, 경영학, 사회과학, 인문과학 등 인간 생활의 전 분야에 크게 응용되고, 인류의 문명과 더불어 발달해 왔다. 물감을 혼합해서 캔버스에 칠한다고 그림이 될 수 없는 것처럼 숫자를 계산하고 방정식을 푸는 요령이나 방법을 수학이라고 말할 수는 없다. 음악이 악보의 기호들을 사용해 아름다운 선율을 표현하는 것처럼 수학은 수식과 도형을 이용해 자연과 인간사회의 숨은 질서, 원리와 법칙, 수리적 모델, 사회문제 해결의 방법과 다양한 분야에의 응용 등을 보여 준다.

고대 그리스 시대의 피타고라스는 수를 만물의 근원이라고 생각하여 모든 자연현상을 수와 도형으로 설명하고자 했다. 또한 이 시대에 수학은 유클리드 기하학이라는 하나의 완벽한 꽃을 피워 토지 측량, 건축 등 인간 생활에 유용하고, 아름다운 정리들을 만들어 냈다. 이 기하학에 의해 꽃피고 탄생한 합리적 정신과 수리적 추론 그리고 연역의 철학적 사고는 오늘날 현대문명을 지탱하는 이성과 합리의 견고한 토대가 되었다. 인간의 창조물 가운데 유클리드 기하학만큼 논리적 추론만으로 그토록 많은 지식들을 생산한 적은 없을 것이다. **수학 역사상 가장 위대한 수학자 중 한 사람인 아르키메데스는 수학의 실용성보다는 수학의 아름다움을 추구했다.**

수학은 복잡한 현상을 가능한 가장 단순화시켜서 세상을 바라보기 때문에 기호와 숫자, 수식과 그래프가 단순성을 포착할 수 있는 유일한 방법이 된 것뿐이다. 우리는 수학을 이용해 새로운 세상을 발견할 뿐만 아니라 미지의 세계를 창조하기도 한다. 16세기 근대과학을 탄생시킨 갈릴레이는 수학이 자연을 설명하는데 중요한 도구라는 것을 깨닫고 "자연이라는 책은 수학의 언어로 쓰여 있다" 고 말했다. 그는 물체의 운동을 양적인 수식으로 나타냈다. 17세기에 뉴턴은 나무에서 떨어지는 사과와 지구 주위를 도는 달의 움직임을 관찰하였지만, 그는 이러한 자연현상으로부터 간결하고 정확한 수학적 법칙을 얻었다. 18세기 다니엘 베르누이가 발견한 방정식은 비행기를 공중에 뜨게 만들었고, 가우스와 리만의 정수론은 인터넷에서 새로운 비즈니스(검색, 암호, 통신, 유통 등)를 창출했다.

수학은 우리의 생활이나 주변에서도 쉽게 찾을 수 있다. 미적분을 이용해 내일의 날씨와 주가 변동을 예측한다. 통계는 질병과 사고의 발생 가능성을 줄여주고, 심지어 사망률을 예측해서 보험회사들은 그에 따라 보험료를 산정한다. 확률은 우리에게 미래를 들여다보거나 때로는 놀라울 정도의 정확성으로 선거 결과를 예측하기도 한다. 수학을 통해 스크린이나 컴퓨터 속에 상상의 세계를 창조할 수 있다.

이처럼 인간 정신의 창조적 산물인 수학은 오늘날 그 어느 때보다 우리 삶의 많은 부분에 커다란 영향을 미치고 있다. 오늘날 자연현상과 사회현상은 물론 관련 분야의 올바른 이해·수리 분석·모델화·문제 해결 등을 위해 논리적 사고, 수식과 모델을 활용한 분석력과 종합, 창의적 문제 해결 능력과 수많은 정보의 처리·분석과 활용 능력이 요구되고 있다.

이런 점에서 이 책에서는 수학 역사상 세상을 놀라게 하거나 세상을 바꾼 중요한 수학 주제를 엄선하여 기초 개념을 다루고 있다. 특히 자연수와 소수의 원리와 활용, 명제와 논리, 자연현상의 수리적 표현을 위한 함수의 미분과 방정식, 경우의 수와 확률, 그래프 이론, 그리고 오일러 수, 황금비와 같은 아름답고 재미있는 주제 등을 선택하여 기초 내용과 응용을 쉽게 이해하고 익힐 수 있도록 구성하였다.

고등학교를 졸업한 학생은 누구나 어려움 없이 기초 개념과 내용을 이해하기 쉽도록 체계적으로 저술하였고 예제와 일부 연습문제의 풀이를 알기 쉽게 제시하였다. “기하학에는 왕도가 없다”(왕의 질문에 대한 유클리드의 대답)라는 명언이 암시하는 바와 같이, 이 책으로 공부하는 학생은 연습문제를 스스로 풀어보는 것이 중요하다. 이는 곧 수학적 문제 해결력을 창의적으로 신장하는 걸음이고 디딤돌이다.

끝으로 이 책을 출판하는데 도움을 주신 청문각 류원식 사장님께 심심한 사의를 표한다.

2018년 7월

저자 일동

차례

1 명제와 논리

수학을 이끄는 힘은 이성이 아니라 상상력이다.

—드 모르간(A. de Morgan)

1.1 명제

명제(statement, proposition)는 어떤 주장이나 판단을 나타내는 문장이나 수식으로써 참과 거짓을 분명하게 판별할 수 있는 것을 말한다. 우리는 모든 명제에 **진리값**(truth value)을 할당한다. 곧, 명제가 참이면 T로, 거짓이면 F로 진리값을 할당한다. 명제를 나타내는 데는 문자 p, q, r, …을 사용한다.

예제 1.1 다음 문장은 명제이다.

① 제주도는 제주시와 서귀포시로 나누어져 있다. (T)
② 1+3은 6이다. (F)
③ 수열의 극한이 존재한다면 그 값은 유일하다. (T)
④ π는 유리수이다. (F)
⑤ 둘레의 길이가 같은 도형 중에서 넓이가 가장 큰 도형은 원이다. (T)

예제 1.2 다음 문장은 참인지 거짓인지를 판단할 수 없으므로 명제가 아니다.

① 제주도는 세계에서 제일 아름답다.
② 사랑은 꽃보다 아름답다.
③ 원더걸스는 노래를 잘 부른다.
④ 안녕하세요.

우리는 명제를 말할 때 다음 두 가지의 전제조건을 가정한다.

① 진리값은 참(T)과 거짓(F)으로 단 두 가지만 있다.
② 참과 거짓의 두 진리값이 동시에 성립되는 명제는 없다.

만일 p와 q가 두 명제이면, 'p와 q'라는 명제들의 합성을 생각할 수 있다. 이와 같이 두 개 이상의 명제가 합성하여 이루어진 명제를 **합성명제**라 하고, 합성명제는 '그리고(and)', '또는(or)', '만약 … 라면(if … then)'과 같은 접속사로 연결된다.

1.2 논리곱

임의의 두 명제가 '그리고'로 연결된 합성명제를 **논리곱**(logical product)이라 한다. 두 명제 p와 q의 논리곱은 $p \wedge q$로 나타낸다. 이 논리곱의 진리값은 두 명제 p와 q가 모두 참일 때, 진리값이 T이고 그 이외에는 F이다. 이제 이 논리곱의 진리표를 만들어 보자.

p와 q는 4가지 경우의 진리값을 갖고 이때 논리곱의 진리표는 다음 표에서와 같이 나타난다.

표 1-1 논리곱의 진리표

p	q	$p \wedge q$
T	T	T
T	F	F
F	T	F
F	F	F

1.3 논리합

임의의 두 명제가 '또는'으로 연결된 합성명제를 **논리합**(logical sum)이라 한다. 두 명제 p와 q의 논리합은 $p \vee q$로 나타낸다. 두 명제 p, q가 동시에 거짓일 때만 진리값이 F이고, 그 외에는 T이다.

표 1-2 논리합의 진리표

p	q	$p \vee q$
T	T	T
T	F	T
F	T	T
F	F	F

1.4 부정

명제 p에 대하여 'p가 아니다'를 $\sim p$로 나타내고 이를 p의 **부정**(negative)이라 한다.

p	$\sim p$
T	F
F	T

예제 1.3 다음 두 명제를 생각해 보자.

p : 오늘은 일요일이다, q : 날씨가 맑다.

그러면, $\sim p \wedge q$: 오늘은 일요일이 아니고 날씨가 맑다가 된다. 이것의 진리표를 구하여라.

풀이

p	q	$\sim p$	$\sim p \wedge q$
T	T	F	F
T	F	F	F
F	T	T	T
F	F	T	F

예제 1.4 $\sim(p \vee \sim q)$의 진리표를 구하여라.

풀이

p	q	$\sim q$	$p \vee \sim q$	$\sim(p \vee \sim q)$
T	T	F	T	F
T	F	T	T	F
F	T	F	F	T
F	F	T	T	F

1.5 배타적 논리합

임의의 두 명제 p, q 중 하나가 참이고, 동시에는 참이 아닌 명제를 **배타적 논리합**(exclusive-or)이라 한다. 두 명제 p와 q의 배타적 논리합은 XOR(p, q) 또는 $p \oplus q$로 나타낸다. 논리합은 양쪽이 참인 가능성을 허용하나, 배타적 논리합은 양쪽이 동시에 참일

가능성은 허용이 안 된다.

표 1-3 배타적 논리합의 진리표

p	q	$p \oplus q$
T	T	F
T	F	T
F	T	T
F	F	F

1.6 논리적 동치

두 합성명제 $\sim p \wedge q$와 $\sim(p \vee \sim q)$의 진리표는 예제 1.3과 예제 1.4에 의해서 다음과 같다.

p	q	$\sim p \wedge q$	$\sim(p \vee \sim q)$
T	T	F	F
T	F	F	F
F	T	T	T
F	F	F	F

이 표에서 $\sim p \wedge q$가 T이면 $\sim(p \vee \sim q)$도 T이고, $\sim p \wedge q$이 F이면 $\sim(p \vee \sim q)$도 F임을 알 수 있다. 이와 같이, 두 합성명제 P, Q에서 P가 참이면 Q도 참이고, P가 거짓이면 Q도 거짓일 때, 두 합성명제 P와 Q는 **논리적 동치**(logically equivalence) 또는 간단히 **동치**(equivalence)라 하고 다음과 같이 기호 $\equiv$로 나타낸다.

$$P \equiv Q$$

1.7 조건문

임의의 두 명제 p와 q에 대하여 'p이면 q이다'를 **조건문**(conditional statement)이라 하고, 기호 $p \to q$로 나타낸다. 여기서 p를 **가정**, q를 **결론**이라고 부른다.

예를 들어, 'p : x는 자연수이다', 'q : x는 정수이다'라고 하면, 'p이면 q이다'는 참이고 다음과 같은 진리표를 만들 수 있다.

표 1-4 조건문의 진리표

p	q	$p \rightarrow q$
T	T	T
T	F	F
F	T	T
F	F	T

1.8 쌍조건문

임의의 두 명제 p와 q에 대하여 'p이면 q이고, 또한 q이면 p이다.'를 **쌍조건문**(biconditional statement)이라 하고 기호 $p \leftrightarrow q$로 나타낸다.

표 1-5 쌍조건문의 진리표

p	q	$p \leftrightarrow q$
T	T	T
T	F	F
F	T	F
F	F	T

1.9 항진명제와 모순명제

임의의 명제의 진리값이 항상 참인 명제를 **항진명제**(tautology)라고 한다. 예를 들어, p, q의 합성명제 $p \rightarrow (p \vee q)$의 진리표를 구해보면 p, q의 진리값에 관계없이 항상 참이다.

p	q	$p \vee q$	$p \rightarrow (p \vee q)$
T	T	T	T
T	F	T	T
F	T	T	T
F	F	F	T

이에 반해, 항상 거짓인 합성명제를 **모순명제**(contradiction)라고 한다.

p	$\sim p$	$p \wedge \sim p$
T	F	F
F	T	F

두 합성명제 $p \leftrightarrow q$와 $p \rightarrow q$의 진리표를 구하면 다음과 같다.

p	q	$p \leftrightarrow q$	$p \rightarrow q$
T	T	T	T
T	F	F	F
F	T	F	T
F	F	T	T

$p \leftrightarrow q$가 참일 때 $p \rightarrow q$도 참이다. 이와 같이 합성명제 P가 참일 때 Q도 반드시 참이면 'P는 Q를 유도한다'라 하고, 기호

$$P \Rightarrow Q$$

로 나타낸다.

1.10 논리법칙

명제 p, q, r에 대해서 다음 성질이 성립한다.

① $p \wedge q \equiv q \wedge p$, $p \vee q \equiv q \vee p$ (교환법칙)

② $(p \wedge q) \wedge r \equiv p \wedge (q \wedge r)$, $(p \vee q) \vee r \equiv p \vee (q \vee r)$ (결합법칙)

③ $p \wedge (q \vee r) \equiv (p \wedge q) \vee (p \wedge r)$, $p \vee (q \wedge r) \equiv (p \vee q) \wedge (p \vee r)$ (분배법칙)

④ $\sim(\sim p) \equiv p$

⑤ $p \wedge p \equiv p$, $p \vee p \equiv p$

⑥ $\sim(p \wedge q) \equiv \sim p \vee \sim q$, $\sim(p \vee q) \equiv \sim p \wedge \sim q$ (드 모르간의 법칙)

⑦ $p \rightarrow q \equiv \sim p \vee q$ (함축법칙)

위의 성질들을 진리표를 사용하여 증명할 수 있다. 여기서는 ⑥을 증명하고 나머지는 생략한다.

⑥의 증명:

p	q	$\sim p$	$\sim q$	$(p \wedge q)$	$\sim(p \wedge q)$	$\sim p \vee \sim q$
T	T	F	F	T	F	F
T	F	F	T	F	T	T
F	T	T	F	F	T	T
F	F	T	T	F	T	T

예제 1.5 다음은 명제를 논리적 동치법칙을 사용하여 간단히 할 수 있음을 보여 준다.

(1) $\sim(\sim p \to q) \equiv \sim[\sim(\sim p) \vee q] \equiv \sim(p \vee q) \equiv \sim p \wedge \sim q$

(2) $(q \vee \sim r) \to \sim p \equiv \sim(q \vee \sim r) \vee \sim p \equiv (\sim q \wedge \sim(\sim r)) \vee \sim p$

$$\equiv (\sim q \wedge r) \vee \sim p$$

1.11 전칭기호

'$\forall x$'는 '모든 x'를 의미하는 것으로, $\forall$를 **전칭기호**(universal quantifier)라 하고, 전칭기호를 포함한 명제를 **전칭명제**라 한다.

집합 U에 속하는 모든 원소 x에 대해서, [$p(x)$는 참이다]를

$$\forall x \in U,\ p(x) \text{ 또는 } \forall x,\ p(x)$$

로 나타낸다.

예제 1.6 $\{n \in N \mid n+1 \geq 2\} = \{1, 2, 3, \cdots\} = N$이므로 명제

$$\forall n \in N,\ n+1 \geq 2$$

는 참이다. 또한 $\{n \in N \mid n+1 > 2\} = \{2, 3, \cdots\} \neq N$이므로

$$n \in N,\ n+1 > 2$$

는 거짓이다.

1.12 존재기호

$\exists x$는 '어떤 x' 또는 'x가 존재한다' 또는 '적당한 x에 대하여'를 의미하는 것으로 ヨ를 **존재기호**(existential quantifier) 또는 **특칭기호**라 하고, 특칭기호를 포함하는 명제를 **특칭명제**라고 한다.

집합 U에 속하는 어떤 x에 대해서 [$p(x)$는 참이다], 즉 '$p(x)$가 참인 x가 집합 U안에 반드시 존재한다'를

$$\exists x \in U, \quad p(x) \text{ 또는 } \exists x, \quad p(x)$$

로 나타낸다.

예제 1.7 $\{x \in R \mid x^2 + 2x - 8 = 0\} = \{-4, \ 2\} \neq \varnothing$ 이므로

$$\exists x \in R, \ x^2 + 2x - 8 = 0$$

은 참이고, $\{x \in N \mid x + 6 < 4\} = \varnothing$ 이므로

$$\exists x \in N, \ x + 6 < 4$$

는 거짓이다.

1.13 전칭명제와 특칭명제의 부정

집합 U 위의 전칭명제 [$\forall x \in U, \ p(x)$]는 'U의 모든 x에 대해서, $p(x)$는 참'을 나타낸다. 이것의 부정은 'U의 어떤 x에 대해서, $p(x)$는 거짓'이 된다. 이것은 'U에 속하는 어떤 x에 대해서 $\sim p(x)$가 참'과 같은 명제이다. 곧, [$\exists x \in U, \ \sim p(x)$]로 표현할 수 있다. 그러므로

$$\sim (\forall x \in U, \ p(x)) \equiv \exists x \in U, \ \sim p(x)$$

가 된다. 또한, 집합 U 위의 특칭명제의 부정은 다음과 같다.

$$\sim (\exists x \in U, \ p(x)) \equiv [\forall x \in U, \ \sim p(x)]$$

예제 1.8 모든 실수 x에 대하여 $ax \neq by$가 되는 y가 존재한다는 명제의 부정명제를 구하여라.

풀이 이 명제를 기호로 나타내면

$$\forall x, \quad \exists y, \quad ax \neq by$$

이고, 부정은

$$\sim [\forall x, \ \exists y, \ ax \neq by] \equiv \exists x, \ \sim [\exists y, \ ax \neq by]$$

이다. ■

1.14 명제의 역, 이, 대우

조건문 $p \rightarrow q$에 대해서

$q \rightarrow p$: **역**(inverse), $\sim p \rightarrow \sim q$: **이**(reverse), $\sim q \rightarrow \sim p$: **대우**(contra-position)

라 하고 진리표는 다음과 같다.

p	q	$p \rightarrow q$	$q \rightarrow p$(역)	$\sim p \rightarrow \sim q$(이)	$\sim q \rightarrow \sim p$(대우)
T	T	T	T	T	T
T	F	F	T	T	F
F	T	T	F	F	T
F	F	T	T	T	T

일반적으로 수학적 명제의 증명방식은 다음과 같이 두 가지로 나눈다. 가정을 활용하여 결론의 참과 거짓을 직접 명확히 하는 방법을 **직접증명법**(method of direct proof)이라 하고, 결론과 동치가 되는 다른 명제를 찾아서 그것의 참과 거짓을 명확히 하는 방법을 **간접증명법**(method of indirect proof)이라 한다.

예제 1.9 양의 정수 x, y에 대하여, 그의 곱 xy가 홀수이면 x, y는 둘 다 홀수이다.

풀이 주어진 조건 명제 [xy가 홀수 → x가 홀수 ∧ y가 홀수]의 대우는 [~(x가 홀수 ∧ y가 홀수) → ~(xy가 홀수) ≡ (xy가 짝수)]이다.

드 모르간의 법칙에 의하여 [~(x가 홀수 ∧ y가 홀수) ≡ ~(x가 홀수) ∨ ~(y가 홀수) ≡ (x가 짝수) ∨ (y가 짝수)]이므로 대우가 참이 된다.

그러므로 간접증명법에 의해 이 명제는 참이다. ■

연습문제

1 다음 중에서 명제를 찾고, 그 진리값을 구하여라.

(1) $2+3=5$

(2) $x+5=7$

(3) 오늘은 무슨 요일인가?

(4) 한라산은 제주도에 있다.

2 실수들의 집합 R에서 명제 '모든 $x \in \mathrm{R}$에 대하여 $x^2+2x+1 \geq 0$이다.'의 부정을 구하고 진리값을 구하여라.

3 다음 합성명제의 진리표를 구하여라.

(1) $\sim p \vee \sim q$

(2) $\sim(\sim p \wedge q)$

(3) $(p \oplus q) \leftrightarrow (p \wedge q)$

(4) $(p \rightarrow q) \vee (\sim q \leftrightarrow r)$

(5) $(p \leftrightarrow q) \oplus (\sim p \leftrightarrow \sim r)$

4 논리적 동치법칙을 이용하여 다음 명제가 동치임을 보여라.

(1) $(p \vee q) \rightarrow r \equiv (p \rightarrow r) \wedge (q \rightarrow r)$

(2) $\sim[p \vee (\sim p \wedge q)] \equiv \sim p \wedge \sim q$

5 다음 명제를 부정하여라.

(1) $\forall x,\ \exists y,\ p(x,y)$

(2) $\exists x,\ \forall y,\ p(x) \wedge q(x)$

6 다음 명제를 기호로 써서 나타내어라.

(1) 모든 x에 대하여 $ax^2+bx+c>0$이면 $b^2-4ac<0$이다.

(2) 어떤 양수 x가 존재하여, 모든 양수 y에 대하여 $ax+by \geq 0$이면 $b>0$이다.

7 다음 명제의 역, 이, 대우를 구하여라.

(1) 실수 x, y에 대하여 $x>1$이고 $y>1$이면 $x+y>2$이고, $xy>1$이다.

(2) 실수 x, y에 대하여 $x^2+y^2=0$이면 $x=0$이고 $y=0$이다.

논리학
(論理學, logic)

논리학은 바른 판단과 인식을 얻기 위한 올바른 사유의 형식과 법칙을 연구하고 논증에서 명제가 어떻게 사용되는가를 연구하는 학문이다. 논증의 형식을 정리 · 분석하고, 이론의 논리적 구조를 밝히며, 이론과 사상(事象)과의 대응을 논한다. 크게 형식 논리학과 인식론적 논리학으로 나눌 수 있다.

타당한 논증에는 2가지 기본형태가 있다. 첫째, 이미 있는 하나 또는 일련의 명제(전제)로부터 그 안에 숨어 있는 어떤 새로운 명제(결론)를 끌어내는 형식의 연역논증이다. 연역논증은 결론이 전제에서 엄격하게 필연적으로 도출된다고 강하게 주장한다. 바꾸어 말하면 어떤 전제를 긍정하면서 동시에 그 결론을 부정하면 정합성을 잃고 자기모순에 빠진다는 주장이다. 둘째, 개별사실들을 증거로 일반결론을 끌어내는 형식의 귀납논증이다. 귀납논증은 전제가 일정한 정도의 개연성 또는 합리성만을 결론에 부여할 뿐이라고 다소 약하게 주장한다. 귀납논리는 물리 · 사회 · 역사 · 과학의 방법론과 거의 같으므로 오늘날 논리학은 연역과정에 관심을 둔다. 그래서 명제와 명제가 서로 관계하는 원리뿐 아니라 이 관계를 해명하고 그에 대한 타당한 진술을 가능하게 하는 사고기법까지도 연구영역에 들어 있다.

좁은 의미의 연역논리는 명제논리(또는 문장논리)와 술어논리(또는 명사표현)로 나뉜다. 이 2가지 의미의 연역논리는 모두 일련의 추상기호, 논리식을 구성하는 기호들의 연결규칙, 논리를 다루는 규칙 등을 구성하고 분석한다는 점에서 형식논리 또는 순수논리라고도 한다. 한편 기호와 식에 일정한 의미를 덧붙여 이 논리적 장치를 어떤 특수분야의 구체적 문제를 다루는데 적용할 경우에는 응용논리학이라고 한다. 순수논리학이나 응용논리학의 형식적 관심사를 벗어난 문제, 이를테면 두 논리학의 개념과 가정이 갖는 의미 · 함축 등을 연구 · 검토하는 일은 논리철학 영역에 속한다.

논리학은 중국(B.C. 5~3세기)과 인도(B.C. 5~A.D. 16, 17세기)에서 따로 발전해 어느 정도 체계를 이루었다. 서양의 논리학은 그리스에서 유래한다. B.C. 4세기 아리스토텔레스는 그리스 수학 · 수사학 · 철학의 전통을 바탕으로 최초의 명사논리체계를 만들었고 명제논리는 아리스토텔레스의 제자 테오프라스토스, 4세기 메가라학파의 변증론자들과 논리학자들, 스토아학파 등이 다루었다. 그리스 문명이 몰락한 뒤 논리학은 10세기 아랍의 학자들 사이에서 다시 등장했다.

중세 논리학은 캔터베리의 성 안셀무스와 피에르 아벨라르가 처음으로 관심을 표명한 이래, 14세기 스콜라 학자들이 고대에는 알려지지 않았던 논리, 특히 명제분석을 개발하자 절정에에 이르렀다. 르네상스 시기는 수사학과 자연과학이 논리학을 압도한 때였다.

근대 논리학은 수학자 G. W. 라이프니츠가 이성의 보편적 계산법을 창안함으로써 발전하기 시작했다. 19세기에 접어들어 수학의 발전 영향 아래에서 논리학을 새로운 견지에서 만들려는 시도가 영국의 수학자 드 모르간, G. 불(Boole)에 의해서 시작되었다. 그 후 해석학의 엄밀한 기초확립이나 집합론의 창설 등을 전후해서 현대논리학(또는 기호논리학) 방면의 연구는 큰 발전을 거듭했고, 1879년 독일의 수학자 G. 프레게에 의해서 기호논리학의 체계는 일단 완성을 보았다고 할 수 있다. 즉, 전통적 논리학이 분석한 논증을 포함하고 더욱 광범위한 논증의 형식을 기호를 사용해서 엄밀하게 표현하는 방법이 거의 확립된 것이다.

현재는 프레게의 기호법 그 자체는 사용되지 않고, 이탈리아의 수학자 G. 페아노, 영국의 철학자 B. 러셀, 독일의 수학자 D. 힐베르트에 의해서 개량된 것이 쓰이고 있다. 이들 중에 몇 가지 예를 들면 다음과 같다. ~(부정기호, 否定記號), ∧(연언기호, 連言記號 논리곱), ∨(선언기호, 選言記號 논리합), ⊃(함의기호, 含意記號), ∀(전칭기호, 全稱記號), ∃(존재기호, 存在記號) 등이다.

이와 같은 기호를 사용해서 형식화한 논증의 구조 그 자체를 대상으로 하는, 이른바 메타논리학적 고찰법에 의하여 기호논리학에서는 그 후 속속 큰 성과를 얻어 왔다. 그 중에서도 가장 유명한 것은 오스트리아의 수학자 K. 괴델이 1930년에 발견한 '완전성 정리'와, 1931년에 발견한 '불완전성 정리'일 것이다. 근래에 와서는 컴퓨터의 기초이론과 기호논리학 사이에 밀접한 관련이 있음이 밝혀졌다. 기호논리학은 응용분야가 넓어서 역사는 짧으나 큰 전망을 가진 학문으로 지금도 끊임없는 발전을 거듭하고 있다.

2 경우의 수

2.1 합의 법칙과 곱의 법칙

경우의 수를 구하는데 필요한 두 가지 기본 법칙을 소개하려고 하는데 하나는 **합의 법칙**이고 다른 하나는 **곱의 법칙**이다. 먼저 합의 법칙을 알아보자.

[합의 법칙]

S를 집합이라 하고 S_1, S_2, $\cdots$, S_m을 다음 두 조건을 만족하는 S의 부분집합이라 하자.

(1) $S = S_1 \cup S_2 \cup \cdots \cup S_m$

(2) $S_i \cap S_j = \varnothing \quad (i \neq j)$

S의 원소의 개수를 $|S|$라 하면

$$|S| = |S_1| + |S_2| + \cdots + |S_m|$$

이다. ■

합의 법칙은 다음과 같이 표현할 수도 있다. 한 사건 A가 일어나는 방법의 수가 m가지이고 다른 사건 B가 일어나는 방법의 수가 n가지이다. A와 B가 동시에 일어나지 않을 때 A 또는 B가 일어나는 방법의 수는 $m+n$이다.

합의 법칙을 사용하여 경우의 수를 구할 때 주의해야 할 점은 전체 집합을 몇 개의 부분집합으로 분할할 때 서로 겹치지 않도록 나누어야 한다는 것이다. 겹치는 부분이 있는 경우는 뒤에 나오는 포함 배제의 원리에서 다루게 된다.

예제 2.1 서로 다른 주사위 두 개를 동시에 던질 때 나오는 눈의 합이 4의 배수가 되는 경우의 수를 구하여라.

풀이 눈의 합 중에서 4의 배수는 4, 8, 12가 있다. 주사위를 던졌을 때 나오는 눈을 순서쌍으로 표현하고 경우의 수를 구해 보자. 그런데 눈의 합이 4인 경우는 (1, 3), (2, 2), (3, 1)로 3가지이고 눈의 합이 8인 경우는 (2, 6), (3, 5), (4, 4), (5, 3), (6, 2)로 5가지, 그리고 눈의 합이 12인 경우는 (6, 6) 으로 1가지이다. 그런데 이 세 가지 경우는 겹치는 부분이 없으므로 전체 경우의 수는 $3+5+1=9$이다. ■

두 번째 법칙은 곱의 법칙이다. 아래에는 두 집합에 대하여 표현되었지만, 일반적인 유한 개의 집합으로 확장될 수 있다.

[곱의 법칙]

A와 B를 각각 $|A| = n$, $|B| = m$인 집합이라 하면

$$|A \times B| = n \times m$$

이다. ■

곱의 법칙은 다음과 같이 표현될 수도 있다. 한 사건 A가 일어나는 방법의 수가 n가지이고 각각에 대하여 다른 사건 B가 일어나는 방법의 수가 m가지일 때 A와 B가 순차적으로 일어나는 방법의 수는 $n \times m$이다.

곱의 법칙에서 중요한 점은 사건 B가 사건 A의 영향을 받지 않는다는 것이다. 즉, A의 결과에 상관없이 B가 일어나는 방법의 수는 항상 m이라는 것이다.

예제 2.2 한 개의 주사위를 세 번 던질 때, 처음에 나온 눈은 2의 배수, 두 번째 나온 눈은 3의 배수, 그리고 마지막에 나온 눈은 홀수인 경우의 수를 구하여라.

풀이 처음 나올 수 있는 경우의 수는 3가지, 두 번째 나올 수 있는 경우의 수는 2가지 그리고 마지막 나올 수 있는 경우의 수는 3가지이다. 그러므로 경우의 수는 $3 \times 2 \times 3 = 18$이다. ■

예제 2.3 $2^3 \times 3^4 \times 5^2$의 양의 약수의 개수를 구하여라.

풀이 $2^3 \times 3^4 \times 5^2$의 양의 약수는

$$2^i \times 3^j \times 5^k \ (0 \le i \le 3,\ 0 \le j \le 4,\ 0 \le k \le 2)$$

이다. i가 결정되는 방법의 수는 4가지, j가 결정되는 방법의 수는 5가지, 그리고 k가 결정되는 방법의 수는 3가지이므로 모든 양의 약수의 개수는 $4 \times 5 \times 3 = 60$이다. ■

2.2 순열과 조합

정의 2.1

n개의 원소로 이루어진 집합 X에서 $k(1 \le k \le n)$개의 서로 다른 원소를 뽑아 일렬로 나열하는 것을 $k-$**순열**이라 한다. 그리고 $k-$순열의 수를 ${}_n\mathrm{P}_k$로 나타낸다.

| 정리 2.2 | ${}_n\mathrm{P}_k$는

$${}_n\mathrm{P}_k = n(n-1)(n-2)\cdots(n-k+1) = \frac{n!}{(n-k)!}$$

이다.

증명 k개의 서로 다른 원소를 택하여 다음 k개의 방에 차례로 넣는다고 하자.

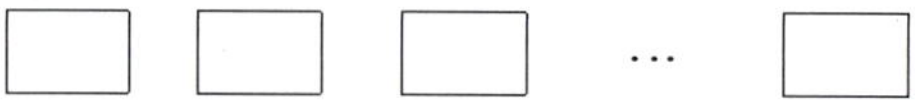

처음 방에 넣을 수 있는 원소의 개수는 n개이다. 그리고 두 번째 방에 넣을 수 있는 원소의 개수는 $(n-1)$개이고, 세 번째 방에 넣을 수 있는 원소의 개수는 $(n-2)$개이다. 그리고 마지막 방에 넣을 수 있는 원소의 개수는 $(n-k+1)$개이다. 그러므로 곱의 법칙에 의하여 k개의 방에 원소를 넣는 방법의 수는

$$n(n-1)(n-2)\cdots(n-k+1)$$

이다. ■

예제 2.4 숫자 1, 2, 3, 4, 5 중에서 서로 다른 4개를 택하여 만들 수 있는 네 자리 자연수의 개수를 구하여라.

풀이 개수는 ${}_5\mathrm{P}_4$이므로 $5 \times 4 \times 3 \times 2 = 120$이다. ■

예제 2.5 숫자 1, 2, 3, 4, 5, 6, 7, 8, 9를 일렬로 나열한 숫자 중에서 짝수가 연속해서 나타나지 않는 것의 개수를 구하여라.

풀이 홀수는 모두 5개이므로 홀수를 나열하는 방법의 수는 ${}_5\mathrm{P}_5 = 5! = 120$이다. 나열된 홀수 사이에 짝수를 하나씩 배열하면 된다. 짝수를 넣을 수 있는 자리는 6자

리이므로 이 6자리 중에서 4자리를 택하여 나열하는 방법의 수를 구하면 되므로 짝수를 배열하는 방법의 수는 ${}_6P_4$이다. 그러므로 곱의 법칙에 의하여 $120 \times {}_6P_4 = 120 \times 6 \times 5 \times 4 \times 3 = 43200$이다. ■

선택한 원소를 원 주위에 나열하는 것과 일렬로 나열하는 것과의 차이를 살펴보자. $1, 2, 3, \cdots, k$를 일렬로 나열하는 방법의 수는 $k!$이다. 예를 들어, 다음 두 나열

$$1, 2, \cdots, k-1, k \qquad\qquad k, 1, 2, \cdots, k-1$$

은 원 주위에 나열했을 때는 서로 같은 나열이다. 마찬가지로 나열

$$k-1, k, 1, 2, \cdots, k-2$$

도 원 주위에 나열했을 때는 앞의 나열과 서로 같은 나열이다. 이와 같이 생각하면 원 주위에 나열했을 때 $1, 2, \cdots, k-1, k$와 같은 것들은 모두 k개가 있음을 알 수 있다. 즉, $k!$개의 나열 중에서 k개씩은 원 주위에 나열했을 때 구별되지 않는다. 따라서 다음 결과를 얻을 수 있다.

| 정리 2.3 | k개의 원소를 원 주위에 나열하는 방법의 수는 $(k-1)!$이다.

예제 2.6 숫자 1, 2, 3, 4, 5를 원 주위에 나열하는 방법의 수를 구하여라.

풀이 방법의 수는 $(5-1)! = 24$이다. ■

정의 2.4
n개의 원소로 이루어진 집합 X의 원소 중에서 $k(1 \le k \le n)$개의 서로 다른 원소를 뽑는 것을 k-**조합**이라 하고 k-조합의 수를 ${}_nC_k$ 또는 $\binom{n}{k}$로 나타낸다.

순열과 조합의 관계로부터 다음을 얻을 수 있다.

| 정리 2.5 | ${}_nC_k$는

$${}_nC_k = \frac{n!}{k!(n-k)!}$$

이다.

증명 X를 원소의 개수가 n인 집합이라 하자. k-순열은 n개의 원소 중에서 k개를 선택하여 일렬로 나열하는 방법의 수이므로

$$_{n}\mathrm{P}_{k} = {}_{n}\mathrm{C}_{k} \times k!$$

인 관계가 있다. 따라서

$$_{n}\mathrm{C}_{k} = \frac{_{n}\mathrm{P}_{k}}{k!} = \frac{n!}{k!\,(n-k)!}$$

이다. ■

예제 2.7 다음을 구하여라.

(1) 15명으로 구성된 모임에서 임원 4명을 선출하는 방법의 수를 구하여라.
(2) 원 주위에 점이 10개 있다. 이 점을 꼭짓점으로 하는 삼각형의 개수를 구하여라.

풀이 (1) 방법의 수는 $_{15}\mathrm{C}_{4} = \frac{15!}{4!\ 11!} = 1365$이다.

(2) 삼각형의 개수는 $_{10}\mathrm{C}_{3} = \frac{10!}{3!\ 7!} = 240$이다. ■

예제 2.8 집합 $\{1,\ 2,\ 3,\ \cdots,\ 7\}$의 부분집합 중에서 원소가 4개인 부분집합의 수를 구하여라.

풀이 $_{7}\mathrm{C}_{4} = \frac{7!}{4!\ 3!} = 35$이다. ■

2.3 중복순열과 중복조합

순열은 n개의 원소를 가진 집합 X에서 서로 다른 k개의 원소를 뽑아 순서대로 나열하는 방법의 수를 나타낸다. 같은 것을 중복해서 뽑는 것을 허락하여 k개의 원소를 뽑아 나열하는 것을 k-**중복순열**이라 하고 k-중복순열의 수를 $_{n}\Pi_{k}$로 나타낸다. $_{n}\Pi_{k}$의 값은 곱의 법칙을 사용하면 간단히 계산할 수 있다.

| 정리 2.6 | ${}_n\Pi_k$는

$${}_n\Pi_k = n^k$$

이다.

예제 2.9 다음을 구하여라.

(1) 숫자 1, 2, 3, 4, 5 중에서 중복을 허락하여 숫자 3개를 택하고 나열하여 만들 수 있는 세 자리 자연수의 개수를 구하여라.

(2) 6명의 학생이 배구, 농구, 테니스 중 하나의 특별활동반에 들어가려고 한다. 모두 몇 가지 방법이 있겠는가?

(3) 문자 a, b를 사용하여 만들 수 있는 길이가 7인 문자열의 개수를 구하여라.

풀이 (1) 개수는 ${}_5\Pi_3$이므로 $5^3 = 125$이다.

(2) 방법의 수는 ${}_3\Pi_6$이므로 $3^6 = 729$이다.

(3) 개수는 ${}_2\Pi_7$이므로 $2^7 = 128$이다. ■

같은 것이 포함된 것들을 나열하는 문제를 생각해 보자. a, a, a, b, c를 나열하는 방법의 수는 다음과 같은 순서에 따라 구할 수 있다.

① 5개의 방을 생각하고 a가 들어갈 3개의 방을 선택한다.
② 나머지 2개의 방에 b, c를 나열한다.

①의 경우의 수는 ${}_5C_3$이고, ②의 경우의 수는 2!이다. 그러므로 모든 경우의 수는 ${}_5C_3 \times 2! = \dfrac{5!}{3!} = 20$이다. 같은 방법으로 더 일반적인 결과를 얻을 수 있다.

| 정리 2.7 | 같은 것이 포함된 것들을 나열하는 방법의 수

1이 a_1개, 2가 a_2개, $\cdots$, n이 a_n개 있을 때, 주어진 $a_1 + a_2 + \cdots + a_n$개의 숫자의 순열의 수는

$$\frac{(a_1 + a_2 + \cdots + a_n)!}{a_1!\, a_2! \cdots a_n!}$$

이다.

증명 먼저 $a_1+a_2+\cdots+a_n$개의 방을 생각하자. 먼저 1이 들어갈 a_1개의 방을 선택한다. 이 방법의 수는 ${}_{(a_1+a_2+\cdots+a_n)}\mathrm{C}_{a_1}=\dfrac{(a_1+a_2+\cdots+a_n)!}{a_1!(a_2+\cdots+a_n)!}$이다. 그리고 나머지 $a_2+\cdots+a_n$개의 방에서 2가 들어갈 a_2개의 방을 선택한다. 이 방법의 수는 ${}_{(a_2+\cdots+a_n)}\mathrm{C}_{a_2}=\dfrac{(a_2+a_3+\cdots+a_n)!}{a_2!(a_3+\cdots+a_n)!}$이다. 이와 같은 방법으로 생각하면 모든 순열의 수는

$${}_{(a_1+a_2+\cdots+a_n)}\mathrm{C}_{a_1}\times{}_{(a_2+\cdots+a_n)}\mathrm{C}_{a_2}\times\cdots\times{}_{a_n}\mathrm{C}_{a_n}$$

이고 이 식을 계산하면

$$\frac{(a_1+a_2+\cdots+a_n)!}{a_1!(a_2+\cdots+a_n)!}\times\frac{(a_2+a_3+\cdots+a_n)!}{a_2!(a_3+\cdots+a_n)!}\times\cdots\times\frac{a_n!}{a_n!}=\frac{(a_1+a_2+\cdots+a_n)!}{a_1!a_2!\cdots a_n!}$$

이다. ■

예제 2.10 $a,\ a,\ b,\ b,\ c,\ c,\ c$를 일렬로 나열하는 방법의 수를 구하여라.

풀이 방법의 수는 $\dfrac{(2+2+3)!}{2!\,2!\,3!}=210$이다. ■

예제 2.11 아래 그림에서 A에 놓여 있는 점이 선분을 따라 움직인다고 할 때, 최단거리로 B까지 움직이는 방법의 수를 구하여라.

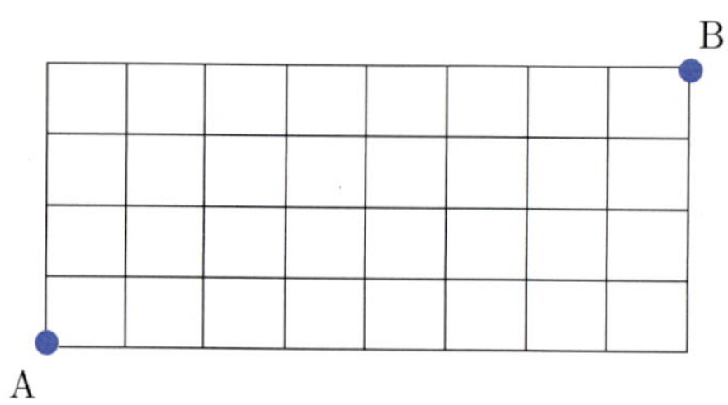

풀이 오른쪽으로 가는 길을 a, 위쪽으로 가는 길을 b라 하자. 그러면 A에서 B까지 최단거리로 가는 길은 8개의 a와 4개의 b를 나열하는 방법의 수와 같다. 따라서 최단거리의 수는 $\dfrac{12!}{8!\,4!}=495$이다. ■

k-조합에서도 중복을 허락하는 경우를 생각할 수 있다. n개의 원소를 가진 집합 X에서 중복을 허락하여 k개의 원소를 뽑는 것을 k-**중복조합**이라 하고, k-중복조합의 수를 ${}_n\mathrm{H}_k$로 나타낸다. k-중복조합의 수를 구하기 위하여 다음과 같이 생각하자.

집합 $X=\{1, 2, \cdots, n\}$에서 중복을 허락하여 k개를 선택한다고 하자. 1을 x_1개, 2를 x_2개, $\cdots$, n을 x_n개를 선택했다고 하면

$$x_1+x_2+\cdots+x_n=k$$

이다. 여기서 $x_i(i=1, 2, \cdots, n)$는 음이 아닌 정수이다. 즉, k-중복조합의 수는 일차방정식 $x_1+x_2+\cdots+x_n=k$를 만족하는 음이 아닌 정수해의 개수와 같다는 사실을 알 수 있다.

예를 들어 방정식 $x_1+x_2+x_3+x_4=7$의 음이 아닌 정수해의 개수를 구해 보자. $x_1=1$, $x_2=2$, $x_3=0$, $x_4=4$는 이 방정식의 음이 아닌 정수해이고 이 정수해를 다음과 같이 표현하자.

$$* \mid * * \mid \mid * * * *$$

위 방정식의 모든 음이 아닌 정수해는 이와 같이 7개의 *과 3개의 |를 나열하여 나타낼 수 있다. 역으로 7개의 *과 3개의 |로 이루어진 나열은 위 방정식의 음이 아닌 해를 하나 결정해주는 것을 알 수 있다. 즉, 방정식 $x_1+x_2+x_3+x_4=7$의 음이 아닌 정수해의 수는 7개의 *과 3개의 |로 이루어진 나열의 수 ${}_{10}\mathrm{C}_7$임을 알 수 있다. 여기서 10은 7과 x_1, x_2, x_3, x_4를 구분하는 |의 개수 3의 합이다.

$x_1+x_2+x_3+x_4=7$의 해		*******||| 의 나열
$x_1=1$, $x_2=2$, $x_3=2$, $x_4=2$	$\leftrightarrow$	* | * * | * * | * *
$x_1=0$, $x_2=3$, $x_3=4$, $x_4=0$	$\leftrightarrow$	| * * * | * * * * |
$x_1=0$, $x_2=0$, $x_3=2$, $x_4=5$	$\leftrightarrow$	| | * * | * * * * *

따라서 다음의 결과를 얻을 수 있다.

| 정리 2.8 | n개의 원소를 가진 집합 X의 k-중복조합의 수는

$$_{n}\mathrm{H}_{k} = {}_{(k+n-1)}\mathrm{C}_{k} = \frac{(k+n-1)!}{k!(n-1)!}$$

이다.

예제 2.12 $x_1 + x_2 + x_3 + x_4 = 12$의 음이 아닌 정수해의 개수를 구하여라.

풀이 정수해의 개수는 $_{4}\mathrm{H}_{12} = {}_{(12+4-1)}\mathrm{C}_{12} = {}_{15}\mathrm{C}_{12} = 455$이다. ■

예제 2.13 $x_1 + x_2 + x_3 + x_4 = 12$의 양의 정수해의 수를 구하여라.

풀이 $y_i = x_i - 1 (1 \le i \le 4)$로 치환하면

$$y_1 + y_2 + y_3 + y_4 = 8$$

이다. 예를 들어, 이 방정식의 음이 아닌 정수해 $y_1 = 2$, $y_2 = 0$, $y_3 = 1$, $y_4 = 5$를 생각하자. 이 해에 각각 1을 더한 $x_1 = 3$, $x_2 = 1$, $x_3 = 2$, $x_4 = 6$은 방정식 $x_1 + x_2 + x_3 + x_4 = 12$의 양의 정수해가 된다. 역으로 생각하면 방정식 $x_1 + x_2 + x_3 + x_4 = 12$의 양의 정수해로부터 $y_1 + y_2 + y_3 + y_4 = 8$의 음이 아닌 정수해를 만들 수 있다. 따라서 이 일차방정식의 음이 아닌 정수해의 수와 문제에 주어진 일차방정식의 양의 정수해의 수가 같으므로

$$_{4}\mathrm{H}_{8} = {}_{(8+4-1)}\mathrm{C}_{8} = {}_{11}\mathrm{C}_{8} = 165$$

이다. ■

예제 2.14 5가지의 서로 다른 공이 들어 있는 주머니에서 10개의 공을 꺼낸다고 하자. 단, 각 종류의 공은 모두 10개 이상씩 들어 있다.

(1) 모든 방법의 수를 구하여라.

(2) 모든 종류의 공이 적어도 하나 이상 뽑히는 방법의 수를 구하여라.

풀이 (1) 종류별로 꺼낸 공의 수를 각각 a_1, a_2, a_3, a_4, a_5라 두고 $a_1 + a_2 + a_3 + a_4 + a_5 = 10$의 음이 아닌 정수해의 개수를 구하면 된다. 따라서 $_{5}\mathrm{H}_{10} = {}_{(10+5-1)}\mathrm{C}_{10} = 1001$이다.

(2) 모든 종류의 공이 적어도 하나 이상 뽑히는 경우 $a_i(1 \le i \le 5)$는 모두 양수이다. 따라서 방정식 $a_1 + a_2 + a_3 + a_4 + a_5 = 10$의 양의 정수해의 개수를 구하면 된다. 따라서 ${}_5\mathrm{H}_5 = {}_{(5+5-1)}\mathrm{C}_5 = {}_9\mathrm{C}_5 = 126$이다. ■

2.4 포함 배제의 원리

합의 법칙에 의하면 $S = S_1 \cup S_2$이고 $S_1 \cap S_2 = \varnothing$이면 $|S| = |S_1| + |S_2|$이다. 일반적으로 $|S|$는

$$|S| = |S_1| + |S_2| - |S_1 \cap S_2|$$

로 계산하면 된다. 다음 그림을 생각하자.

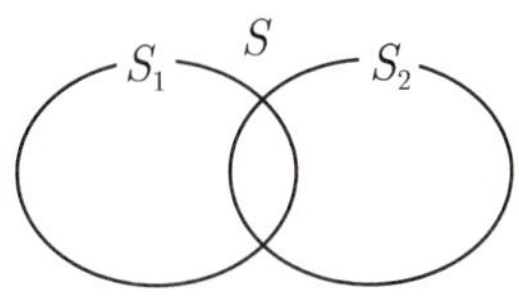

집합 S는 $S_1 - S_2$, $S_2 - S_1$, $S_1 \cap S_2$ 세 부분으로 분할되어 있다. S에 속하는 각 원소가 식 $|S_1| + |S_2| - |S_1 \cap S_2|$에서 몇 번씩 계산되는지 알아보자. $S_1 - S_2$에 속하는 원소는 $|S_1|$에서만 계산되므로 $1 + 0 - 0 = 1$번 계산된다. 마찬가지로 $S_2 - S_1$에 속하는 원소는 $|S_2|$에서만 계산되므로 $1 + 0 - 0 = 1$번 계산된다. 그리고 $S_1 \cap S_2$에 속하는 원소는 $|S_1|$, $|S_2|$, $|S_1 \cap S_2|$에서 계산되므로 $1 + 1 - 1 = 1$번 계산된다. 따라서 집합 S에 속하는 모든 원소는 식 $|S_1| + |S_2| - |S_1 \cap S_2|$에서 1번씩 계산된다. 그러므로 $|S| = |S_1| + |S_2| - |S_1 \cap S_2|$이다.

같은 방법으로 생각하면 $S = S_1 \cup S_2 \cup S_3$인 경우는

$$|S| = |S_1| + |S_2| + |S_3| - |S_1 \cap S_2| - |S_1 \cap S_3| - |S_2 \cap S_3| + |S_1 \cap S_2 \cap S_3|$$

임을 알 수 있다.

예제 2.15 다음을 구하여라.

(1) 100 이하의 자연수 중에서 2 또는 3의 배수의 개수를 구하여라.

(2) 100 이하의 자연수 중에서 2 또는 3 또는 5의 배수의 개수를 구하여라.

풀이 (1) 100 이하의 자연수 중에서 2 또는 3의 배수의 집합을 S라 하자. 2의 배수의 집합을 A, 3의 배수의 집합을 B라 하면 $S=A\cup B$이다. 그러면 $|A|=50$, $|B|=33$이고 $A\cap B$는 6의 배수의 집합이므로 $|A\cap B|=16$이다. 따라서

$$|S|=|A|+|B|-|A\cap B|=50+33-16=67$$

이다.

(2) 100 이하의 자연수 중에서 2 또는 3 또는 5의 배수의 집합을 S라 하자. 5의 배수의 집합을 C라 하면 $S=A\cup B\cup C$이다. 그리고 $|C|=20$이다. $A\cap C$는 10의 배수의 집합이고 $B\cap C$는 15의 배수의 집합 그리고 $A\cap B\cap C$는 30의 배수의 집합이다. 따라서

$$|A\cap C|=10,\ |B\cap C|=6,\ |A\cap B\cap C|=3$$

이다. 그러므로

$$|S|=50+33+20-16-10-6+3=74$$

이다. ■

위 식은 다음과 같이 일반적으로 확장될 수 있으며, 이것은 **포함 배제의 원리**라고 한다.

| 정리 2.9 | $S_1,\ S_2,\ \cdots,\ S_n$이 임의의 집합일 때

$$\begin{aligned}
a_1 &= |S_1|+|S_2|+\cdots+|S_n| \\
a_2 &= |S_1\cap S_2|+|S_1\cap S_3|+|S_1\cap S_4|+\cdots \\
a_3 &= |S_1\cap S_2\cap S_3|+\cdots \\
&\cdots \\
a_n &= |S_1\cap S_2\cap\cdots\cap S_n|
\end{aligned}$$

이라 하면

$$|S_1\cup S_2\cup\cdots\cup S_n|=a_1-a_2+a_3-\cdots+(-1)^{n-1}a_n$$

이다.

예제 2.16 a, b, c 세 문자로 이루어진 길이가 5인 단어 중에서 a, b, c가 모두 들어 있는 것의 개수를 구하여라.

풀이 a, b, c 세 문자로 이루어진 길이가 5인 단어의 개수는 3^5이다. A를 a가 포함되지 않은 단어의 집합, B를 b가 포함되지 않은 단어의 집합, C를 c가 포함되지 않은 단어의 집합이라 하자. 그러면 $A \cup B \cup C$는 a, b, c 중 적어도 하나가 포함되지 않은 단어의 집합이다. 그러므로 a, b, c가 모두 들어 있는 것의 개수는 $3^5 - |A \cup B \cup C|$이다. 그런데

$$|A| = |B| = |C| = 2^5, \quad |A \cap B| = |A \cap C| = |B \cap C| = 1^5, \quad |A \cap B \cap C| = 0$$

이므로 a, b, c가 모두 들어 있는 것의 개수는

$$3^5 - |A \cup B \cup C| = 3^5 - (2^5 + 2^5 + 2^5 - 1^5 - 1^5 - 1^5 + 0) = 150$$

이다. ■

2.5 이항계수

$(a+b)^n$을 전개했을 때 나타나는 항은 $(a+b)$에서 a 또는 b를 택하여 곱한 것이므로 형태가 $a^{n-k}b^k (0 \le k \le n)$임을 알 수 있다. 그러면 $a^{n-k}b^k$의 계수는 얼마일까? $a^{n-k}b^k$는 n개의 $(a+b)$ 중에서 a가 $n-k$번, b가 k번 택해질 때 나타난다. 따라서 $a^{n-k}b^k$의 계수는 $n-k$개의 a와 k개의 b를 나열하는 방법의 수와 같다. 따라서 다음 결과를 얻을 수 있다.

| 정리 2.10 | 이항정리

n이 자연수이면 모든 a와 b에 대하여 다음이 성립한다.

$$\begin{aligned}(a+b)^n &= \sum_{k=0}^{n} {}_n\mathrm{C}_k\, a^{n-k}b^k \\ &= {}_n\mathrm{C}_0\, a^n + {}_n\mathrm{C}_1\, a^{n-1}b + \cdots + {}_n\mathrm{C}_k\, a^{n-k}b^k + \cdots + {}_n\mathrm{C}_n\, b^n\end{aligned}$$

참고 (1) ${}_0\mathrm{C}_k = 0$이므로 위 정리는 $n=0$인 경우도 성립한다.

(2) ${}_n\mathrm{C}_k$는 이항전개식의 계수로 나타나므로 **이항계수**라고도 부른다.

예제 2.17 $(x+2y)^6$을 전개하였을 때 x^3y^3의 계수를 구하여라.

풀이 x^3y^3은 ${}_6C_3\, x^3(2y)^3$에서 나타나므로 계수는 ${}_6C_3 \times 2^3 = 160$이다. ■

예제 2.18 $\left(x^2 - \frac{1}{x}\right)^6$을 전개하였을 때 상수항을 구하여라.

풀이 전개식의 일반항은 ${}_6C_k\,(x^2)^k\left(-\frac{1}{x}\right)^{6-k} = (-1)^{6-k}\,{}_6C_k\, x^{2k-6+k}$이다.
상수항이 되려면 $2k-6+k=0$이고 따라서 $k=2$이다. 그러므로 상수항은 $(-1)^{6-2}\,{}_6C_2 = 15$이다. ■

이항계수와 관련된 몇 가지 등식을 알아보자.

예제 2.19 다음 등식이 성립함을 보여라.

(1) ${}_nC_0 + {}_nC_1 + {}_nC_2 + \cdots + {}_nC_n = 2^n$

(2) ${}_nC_0 - {}_nC_1 + {}_nC_2 - \cdots + (-1)^n\,{}_nC_n = 0$

풀이 (1) 이항전개식 $(1+b)^n = {}_nC_0 + {}_nC_1\, b + {}_nC_2\, b^2 + \cdots + {}_nC_n\, b^n$의 b에 1을 대입하면

$$ {}_nC_0 + {}_nC_1 + {}_nC_2 + \cdots + {}_nC_n = 2^n $$

을 얻을 수 있다.

(2) 이항전개식 $(1+b)^n = {}_nC_0 + {}_nC_1\, b + {}_nC_2\, b^2 + \cdots + {}_nC_n\, b^n$의 b에 -1을 대입하면

$$ {}_nC_0 - {}_nC_1 + {}_nC_2 - \cdots + (-1)^n\,{}_nC_n = 0 $$

을 얻을 수 있다. ■

위 결과로부터 다음 결과도 얻을 수 있다.

n이 짝수일 때 : ${}_nC_0 + {}_nC_2 + {}_nC_4 + \cdots + {}_nC_n = 2^{n-1}$

n이 홀수일 때 : ${}_nC_0 + {}_nC_2 + {}_nC_4 + \cdots + {}_nC_{n-1} = 2^{n-1}$

몇 개의 n과 k에 대하여 이항계수를 직접 계산하면 다음 표를 얻을 수 있다.

n \ k	0	1	2	3	4	5	6	…
0	1	0	0	0	0	0	0	
1	1	1	0	0	0	0	0	
2	1	2	1	0	0	0	0	
3	1	3	3	1	0	0	0	
4	1	4	6	4	1	0	0	
5	1	5	10	10	5	1	0	
6	1	6	15	20	15	6	1	
7	1	7	21	35	35	21	7	
…								

위 표에서 0이 아닌 숫자 부분은 삼각형의 모양을 이루고 있는데 이 삼각형을 파스칼 삼각형이라고 한다. 파스칼의 삼각형에는 여러 가지 흥미로운 규칙이 들어 있는데 이 규칙에 대해서 알아보자.

파스칼의 삼각형에서 'ㄱ'자 모양으로 배열된 세 수에 대하여 위에 배열된 두 수의 합은 항상 아래에 있는 수와 같다. 예를 들면 다음과 같다.

1	0	0	0	0	0
1	1	0	0	0	0
1	2	1	0	0	0
1	3	3	1	0	0
1	4	6	4	1	0
1	5	10	10	5	1
1	6	15	20	15	6
1	7	21	35	35	21

위 사실로부터 다음과 같은 규칙을 찾을 수 있다.

- **규칙 1:** ${}_{n}\mathrm{C}_{k-1} + {}_{n}\mathrm{C}_{k} = {}_{n+1}\mathrm{C}_{k}$

파스칼의 삼각형에서 어떤 행에 나타난 숫자를 위에서부터 더한 값은 그 행의 오른쪽 아래에 있는 숫자이다. 예를 들면 다음과 같다.

1	0	0	0	0	0	0	0
1	1	0	0	0	0	0	0
1	2	1	0	0	0	0	0
1	3	3	1	0	0	0	0
1	4	6	4	1	0	0	0
1	5	10	10	5	1	0	0
1	6	15	20	15	6	1	0
1	7	21	35	35	21	7	1

위 사실로부터 다음과 같은 규칙을 찾을 수 있다.

- **규칙 2:** ${}_0C_k + {}_1C_k + {}_2C_k + {}_3C_k + \cdots + {}_nC_k = {}_{n+1}C_{k+1}$

파스칼의 삼각형에서 첫 번째 행의 한 지점에서부터 오른쪽 아래 대각선 방향으로 나타난 숫자를 더한 값은 마지막으로 더한 숫자 아래에 있는 숫자이다. 예를 들면 다음과 같다.

1	0	0	0
1	1	0	0
1	2	1	0
1	3	3	1
1	4	6	4
1	5	10	10
1	6	15	20
1	7	21	35

위 사실로부터 다음과 같은 규칙을 찾을 수 있다.

- **규칙 3:** ${}_nC_0 + {}_{n+1}C_1 + {}_{n+2}C_2 + \cdots + {}_{n+k}C_k = {}_{n+k+1}C_k$

(규칙2)와 (규칙3)은 (규칙1)로부터 얻을 수 있다. 이 외에도 파스칼의 삼각형에 들어 있는 숫자들의 배열은 매우 특별한 성질을 가지고 있다. 예를 들어 두 번째 열은 자연수가 순서대로 배열되어 있으며, 세 번째 열은 삼각수라고 부르는 수들의 배열이다. 그리고 네 번째 열은 삼각뿔수라고 부르는 수들의 배열이다. 마지막으로 파스칼의 삼각형을 크게 그려 놓고 홀수가 적혀 있는 부분에 색을 칠해보면 흥미로운 결과를 얻을 수 있다.

2.6 비둘기집의 원리

5마리의 비둘기를 4개의 집에 넣으려면 적어도 한 개의 집에는 2마리 이상의 비둘기가 들어가야 한다. 이것이 **비둘기집의 원리**이다. 비둘기집의 원리는 아주 당연한 내용이지만 이산수학과 관련된 문제를 해결하는데 매우 중요하게 사용된다.

[비둘기집의 원리]
$n+1$마리의 비둘기를 n개의 비둘기집에 넣으려면 2마리 이상의 비둘기가 들어가는 집이 적어도 하나 존재한다.

예제 2.20 한 변의 길이가 2인 정사각형의 내부에 5개의 점을 찍으면 거리가 $\sqrt{2}$보다 작거나 같은 두 점이 반드시 존재함을 보여라.

풀이 한 변의 길이가 2인 정사각형을 한 변의 길이가 1인 네 개의 작은 정사각형으로 나누면 비둘기집의 원리에 의하여 점을 2개 이상 포함하는 작은 정사각형이 존재한다. 이 정사각형 내에 있는 두 점 사이의 거리는 $\sqrt{2}$보다 작거나 같다.

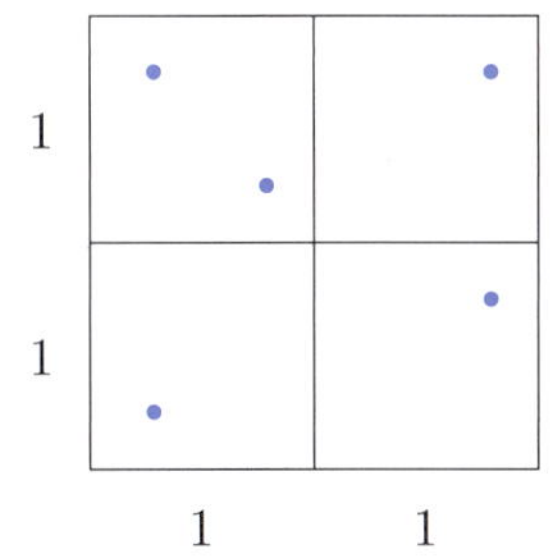

■

예제 2.21 k개의 정수 $a_1, a_2, \cdots, a_k$를 생각하자. 이 정수들 중 몇 개를 택하여 합이 k의 배수가 되도록 할 수 있음을 보여라.

풀이 다음과 같은 k개의 합을 생각하자.

$$a_1,\ a_1+a_2,\ a_1+a_2+a_3,\ \cdots,\ a_1+a_2+\cdots+a_k$$

이 중 하나가 k의 배수이면 증명이 끝난다. 이 중 어느 것도 k의 배수가 아니라고 하자. 그러면 이 수들을 k로 나누었을 때 나머지는 $k-1$개의 정수 $1, 2, \cdots, k-1$ 중의 하나다. 따라서 비둘기집의 원리에 의하여 위 k개의 합 중에는 k로 나누었을 때 나머지가 같은 것이 적어도 두 개 존재한다. 그 두 개를 $a_1 + a_2 + \cdots + a_i$와 $a_1 + a_2 + \cdots + a_j (i < j)$라 하면

$$a_{i+1} + a_{i+2} + \cdots + a_j$$

가 k의 배수이다. ■

예제 2.22 200 이하의 자연수 중에서 101개를 택하면 그 중 하나는 다른 하나의 약수가 됨을 보여라.

풀이 모든 자연수 n은 음이 아닌 정수 k와 적당한 홀수 a에 대하여 $n = 2^k a$와 같이 표현된다. 선택한 101개의 자연수를

$$n_1,\ n_2,\ n_3,\ \cdots,\ n_{101}$$

이라 하고 $n_i = 2^{k_i} a_i (1 \le i \le 101)$라 하자. a_i는 모두 홀수이므로

$$\{a_1,\ a_2, \cdots,\ a_{101}\} \subseteq \{1,\ 3, 5,\ \cdots,\ 199\}$$

이다. 따라서 비둘기집의 원리에 의하여 적당한 서로 다른 i, j가 존재하여 $a_i = a_j$이다. $n_i = 2^{k_i} a_i$이고 $n_j = 2^{k_j} a_j$이고 $a_i = a_j$이므로 n_i와 n_j 중 하나는 다른 것의 약수가 된다. ■

비둘기집의 원리는 일반적으로 비둘기가 $kn+1$마리가 있는 경우 적어도 $k+1$마리 이상의 비둘기가 들어가는 비둘기 집이 적어도 하나 존재한다고 말할 수 있다. 다르게 표현하면 다음과 같다.

[평균의 원리]

X를 숫자들의 모임이라 하고, m을 이 숫자들의 평균이라 하자. 그러면 X에 m보다 크거나 같은(작거나 같은) 숫자가 적어도 하나 존재한다.

예제 2.23 어느 소설가는 14일 동안 344쪽의 원고를 썼다. 이 작가는 어느 연속한 이틀 동안 적어도 50쪽 이상의 원고를 썼음을 보여라.

풀이 14일을 이틀씩 묶어서 7개의 단위로 나누고 각 단위에 쓴 원고의 수를 x_1, x_2, $\cdots$, x_7이라 하자. 모든 $i(1 \le i \le 7)$에 대하여 $x_i \le 49$라 하면

$$x_1 + x_2 + \cdots + x_7 \le 49 \times 7 = 343$$

이고 이것은 모순이다. 실제로 단위당 평균이 $49.\times\times$이므로 평균의 원리에 의하여 50쪽 이상을 쓴 연속한 이틀이 존재함을 알 수 있다. ■

연습문제

1 네 자리의 자연수 중에서 정확히 하나의 7을 포함하는 자연수의 개수를 구하여라.

2 숫자 1, 2, 3, 4, 5, 6 중에서 서로 다른 3개를 택하여 만들 수 있는 세 자리 정수 중 3의 배수의 개수를 구하여라.

3 $(x+y+z)^5$를 전개하였을 때 나타나는 서로 다른 항의 개수를 구하여라.

4 순서쌍 $(a,\ b,\ c,\ d)$ 중에서 다음 조건을 만족하는 것의 개수를 각각 구하여라.
(1) $1 < a < b < c < d < 10$
(2) $1 \le a \le b \le c \le d \le 10$

5 세 개의 주사위를 던졌을 때 눈의 합이 10일 경우의 수를 구하여라.

6 책꽂이에 13권의 서로 다른 책이 꽂혀 있다. 서로 이웃하지 않은 5권의 책을 뽑는 방법의 수를 구하여라.

7 1부터 12까지의 정수 중에서 서로 다른 4개의 원소를 뽑는 방법의 수를 구하여라. 단, 서로 이웃하는 두 자연수가 뽑히는 경우는 없다.

8 방정식 $a_1+a_2+a_3+a_4+a_5=25$의 양의 정수해 중에서 모두 홀수로 되어 있는 해의 개수를 구하여라.

9 30개의 똑같은 공을 5명에게 나누어 주려고 한다.
(1) 한 사람이 적어도 3개의 공을 갖는 경우의 수를 구하여라.
(2) 모든 사람이 3개에서 7개 사이의 공을 갖는 경우의 수를 구하여라.

10 1, 2, 3, 4, 5를 각각 적은 5장의 종이와 5개의 봉투가 있다. 종이를 봉투에 넣을 때 종이의 번호와 봉투의 번호가 일치하는 것이 하나도 없는 경우의 수를 구하여라.

11 한 변의 길이가 1인 정사각형의 내부에 9개의 점을 찍으면 이 중에서 적어도 세 점은 넓이가 $\frac{1}{8}$보다 작거나 같은 삼각형의 꼭짓점이 됨을 보여라. 단, 어느 세 점도 한 직선 위에 있지 않다고 한다.(제2회 한국 수학 올림피아드, 1988)

12 1부터 100까지의 자연수 중에서 51개를 택하면, 이 중에 합이 101이 되는 두 수가 존재함을 보여라.

13 좌표평면 위에 5개의 점이 있고 이 점들의 x좌표와 y좌표는 모두 정수이다. 이 점들 중에서 중점의 x좌표와 y좌표도 모두 정수가 되는 두 점이 존재함을 보여라.

14 어떤 학생이 일주일 동안 37개의 수학문제를 풀었다. 이 학생은 어떤 연속한 이틀 동안 적어도 10문제 이상의 문제를 풀었음을 보여라.

15 100보다 작은 자연수 중에서 11개를 택하면 차가 10을 넘지 않는 두 수가 존재함을 보여라.

16 임의의 5개의 자연수 중에는 합이 3의 배수가 되는 세 수가 존재함을 보여라.

17 $(1-2x^2)^7$을 전개하였을 때 x^{10}의 계수를 구하여라.

18 다음 값을 구하여라.

(1) ${}_n\mathrm{C}_1 + 2\,{}_n\mathrm{C}_2 + 3\,{}_n\mathrm{C}_3 + \cdots + n\,{}_n\mathrm{C}_n$

(2) $({}_n\mathrm{C}_0)^2 + ({}_n\mathrm{C}_1)^2 + ({}_n\mathrm{C}_2)^2 + \cdots + ({}_n\mathrm{C}_n)^2$

3 확률

3.1 표본공간과 사건

주사위를 한 번 던지면 나올 수 있는 경우는 1, 2, 3, 4, 5, 6의 여섯 가지이고, 동전을 던지면 나올 수 있는 경우는 앞면 또는 뒷면 두 가지이다. 그러나 실제로 주사위나 동전을 던졌을 때 나오는 결과를 우리가 예측할 수는 없다.

정의 3.1
동일한 조건 아래서 반복적으로 할 수 있으며 우연에 의해서 그 결과를 예측할 수 없는 실험을 **시행**이라고 한다. 그리고 어떤 시행에서 나타날 수 있는 모든 결과의 집합을 **표본공간**이라 하고, 표본공간의 각 원소를 **표본점**이라고 한다.

예제 3.1 다음을 구하여라.

(1) 동전을 세 번 던지는 시행의 표본공간을 구하여라.
(2) 주사위를 두 번 던지는 시행의 표본공간을 구하여라.

풀이 (1) 동전을 던져서 앞면이 나오는 것을 H, 뒷면이 나오는 것을 T로 표현하면 표본공간 S는 다음과 같이 8개의 원소를 포함하는 집합이다.

$$S = \{\mathrm{HHH},\ \mathrm{HHT}, \mathrm{HTH},\ \mathrm{THH}, \mathrm{HTT},\ \mathrm{THT}, \mathrm{TTH},\ \mathrm{TTT}\}$$

(2) 주사위를 두 번 던져서 나오는 결과를 순서쌍으로 나타내면 표본공간 S는 다음과 같이 36개의 원소를 포함하는 집합이다.

$$S = \{(a,\ b) \mid 1 \le a \le 6,\ 1 \le b \le 6\}$$ ■

예제 3.1에서 주사위를 두 번 던지는 경우에, 두 번째 나오는 결과는 첫 번째 나오는 결과에 영향을 받지 않는다. 즉, 첫 번째 결과와 상관없이 두 번째 결과는 항상 1, 2, 3, 4, 5, 6 여섯 가지 중의 하나가 똑같은 가능성을 가지고 나타난다.

정의 3.2
동일한 조건에서 어떤 시행을 반복할 때, 각 시행의 결과가 이전 시행의 결과의 영향을 받지 않는 시행을 **독립시행**이라고 한다.

예제 3.2 흰 공이 2개, 검은 공이 2개 들어 있는 주머니에서 두 번 반복하여 공을 꺼낸다. 다음 시행이 독립시행인지 아닌지를 판단하여라.

(1) 처음 공을 꺼내 이 공을 확인하고 다시 주머니에 넣은 후 두 번째 공을 꺼낸다(이것을 복원추출이라고 한다).

(2) 처음 공을 꺼내 이 공을 확인한 후, 이 공을 주머니에 넣지 않고 두 번째 공을 꺼낸다(이것을 비복원추출이라고 한다).

풀이 (1) 처음 꺼낸 공이 흰색 또는 검은색에 상관없이 두 번째 공을 꺼낼 때 주머니에는 흰 공이 2개, 검은 공이 2개 들어있다. 따라서 흰 공과 검은 공이 처음 시행과 같은 가능성을 가지고 추출된다. 그러므로 이와 같이 공을 꺼내는 시행은 독립시행이다.

(2) 처음 꺼낸 공이 흰색이라고 하면 두 번째 공을 꺼낼 때 주머니에는 흰 공이 1개, 검은 공이 2개 들어있다. 그리고 처음 꺼낸 공이 검은색이라고 하면 두 번째 공을 꺼낼 때 주머니에는 흰 공이 2개, 검은 공이 1개 들어있다. 따라서 처음 시행의 결과에 따라 두 번째 시행에서 흰 공과 검은 공이 추출될 가능성이 달라진다. 그러므로 이와 같이 공을 꺼내는 시행은 독립시행이 아니다. ■

정의 3.3

표본공간의 부분집합을 **사건**이라고 한다. 그리고 어떤 시행의 표본공간을 S라 하고 A를 사건이라 하자. 이 시행을 하여 A에 속하는 표본점 ω가 나왔을 때, 사건 A가 발생했다(또는 일어났다)고 한다.

예제 3.3 동전을 세 번 던지는 시행을 생각하면 표본공간은 다음과 같다.

$$S = \{\mathrm{HHH},\ \mathrm{HHT},\ \mathrm{HTH},\ \mathrm{THH},\ \mathrm{HTT},\ \mathrm{THT},\ \mathrm{TTH},\ \mathrm{TTT}\}$$

(1) {HTT, THT, TTH}는 하나의 사건이다. 이 사건은 동전을 세 번 던졌을 때 앞면이 한 번 나올 사건이다.

(2) {HHH, HHT, HTH, THH, HTT, THT, TTH}는 하나의 사건이다. 이 사건은 동전을 세 번 던졌을 때 적어도 한 번 앞면이 나올 사건이다.

예제 3.4 주사위를 두 번 던졌을 때 나오는 두 눈의 합이 10 이상일 사건은

$$\{(4,\ 6),\ (5,\ 6),\ (6,\ 6),\ (6,5),\ (6,\ 4)\}$$

이다.

표본공간과 사건은 모두 집합으로 정의되어 있다. 따라서 집합의 연산을 이용하여 다음과 같이 사건의 연산을 정의할 수 있다.

- **합사건**

  어떤 시행에서 발생할 수 있는 두 사건 A, B에 대하여 A 또는 B가 발생하는 사건을 A와 B의 합사건이라 하고 다음과 같이 나타낸다.

  $$A \cup B = \{\omega \mid \omega \in A \text{ 또는 } \omega \in B\}$$

- **곱사건**

  어떤 시행에서 발생할 수 있는 두 사건 A, B에 대하여 A와 B가 동시에 발생하는 사건을 A와 B의 곱사건이라 하고 다음과 같이 나타낸다.

  $$A \cap B = \{\omega \mid \omega \in A \text{ 그리고 } \omega \in B\}$$

- **여사건**

  어떤 시행에서 발생할 수 있는 사건 A에 대하여 A가 발생하지 않을 사건을 A의 여사건이라 하고 다음과 같이 나타낸다.

  $$A^c = \{\omega \mid \omega \notin A\}$$

- **차사건**

  어떤 시행에서 발생할 수 있는 두 사건 A, B에 대하여 A는 발생하지만 B는 발생하지 않는 사건을 A와 B의 차사건이라 하고 다음과 같이 나타낸다.

  $$A - B = \{\omega \mid \omega \in A \text{ 그리고 } \omega \notin B\}$$

  A와 B의 차사건은 $A \cap B^c$와 같다.

예제 3.5 주사위를 던지는 시행에서 다음 두 사건을 생각하자.

$$A = \{1,\ 2,\ 4,\ 6\},\ B = \{3,\ 4,\ 5\}$$

(1) A와 B의 합사건, 곱사건, 차사건을 구하여라.

(2) B의 여사건을 구하여라.

풀이 (1) $A \cup B = \{1,\ 2,\ 3,\ 4,\ 5,\ 6\}$, $A \cap B = \{4\}$, $A - B = \{1,\ 2,\ 6\}$

(2) $B^c = \{1,\ 2,\ 6\}$ ■

위에 정의된 사건의 연산은 다음과 같이 일반적인 형태의 사건에 관한 연산으로 확장될 수 있다.

$A_n (n = 1,\ 2,\ 3,\ \cdots)$이 사건일 때

- 합사건 : $\bigcup_{n=1}^{\infty} A_n = \{\omega \mid$ 적당한 n에 대하여 $\omega \in A_n\}$
- 곱사건 : $\bigcap_{n=1}^{\infty} A_n = \{\omega \mid$ 모든 n에 대하여 $\omega \in A_n\}$

사건의 연산에 관하여 다음의 법칙들이 성립한다.

| 정리 3.4 | S를 표본공간이라 하고 A, B, C를 사건이라 하자.

(1) $A \cup A = A$, $A \cap A = A$

(2) $A \cup A^c = S$, $A \cap A^c = \varnothing$

(3) $(A^c)^c = A$

(4) $A \cup B = B \cup A$, $A \cap B = B \cap A$ (교환법칙)

(5) $(A \cup B) \cup C = A \cup (B \cup C)$

$(A \cap B) \cap C = A \cap (B \cap C)$ (결합법칙)

(6) $(A \cup B) \cap C = (A \cap C) \cup (B \cap C)$

$(A \cap B) \cup C = (A \cup C) \cap (B \cup C)$ (분배법칙)

(7) $(A \cup B)^c = A^c \cap B^c$, $(A \cap B)^c = A^c \cup B^c$ (드 모르간의 법칙)

정의 3.5

두 사건 A, B에 대하여 $A \cap B = \varnothing$일 때, A와 B는 서로 **배반**이라고 한다.

예제 3.6 주사위를 두 번 던지는 시행에서 다음 세 사건을 생각하자.

사건 A : 두 눈의 합이 5인 사건

사건 B : 첫 번째 눈이 5인 사건

사건 C : 두 눈의 차가 4인 사건

사건 중 어느 사건이 서로 배반인지 판단하여라.

풀이 $A=\{(1,\ 4),\ (2,\ 3),\ (3,\ 2),\ (4,1)\}$

$B=\{(5,\ 1),\ (5,\ 2),\ (5,\ 3),\ (5,4),\ (5,\ 5),\ (5,\ 6)\}$

$C=\{(1,\ 5),\ (2,\ 6),\ (5,\ 1),\ (6,2)\}$

이므로 A와 B는 서로 배반이고 A와 C도 서로 배반이다. 그러나 B와 C는 서로 배반이 아니다. ■

정의 3.6

표본공간 S에 대하여, 공사건이 아닌 사건들의 집합

$$P=\{A_1,\ A_2,\ \cdots\}$$

가 다음을 만족할 때, P를 S의 **분할**이라 한다.

(1) $A_n \cap A_m = \varnothing\ (n \neq m)$

(2) $\bigcup_{n=1}^{\infty} A_n = S$

예제 3.7 주사위를 두 번 던지는 실험에서 $A_n(2 \le n \le 12)$을 두 눈의 합이 n이 되는 사건이라 하자.

(1) $\{A_n \mid 2 \le n \le 12\}$는 S 의 분할이다.

(2) $\{A_6,\ A_6^c\}$는 S의 분할이다.

(3) $\left\{A_2,\ A_3,\ A_4,\ A_5,\ \bigcup_{n=6}^{12} A_n\right\}$는 S의 분할이다.

(4) $\left\{A_2,\ A_3,\ A_4,\ A_5,\ \bigcup_{n=7}^{12} A_n\right\}$는 S의 분할이 아니다.

3.2 확률의 정의 및 성질

주사위를 한 번 던지는 경우 표본공간은 $S=\{1, 2, 3, 4, 5, 6\}$이다. 주사위가 공정하다면 이 여섯 가지가 나올 가능성은 모두 같다고 생각할 수 있고, 따라서 각 표본점이 나올 가능성은 똑같이 $\frac{1}{6}$이라고 생각할 수 있다. 이 상황은 S의 각 원소에 숫자 $\frac{1}{6}$을 부여한 것으로 생각할 수 있다. 이 경우, 짝수가 나올 사건을 A라고 하면 $A=\{2, 4, 6\}$이므로 사건 A가 발생할 확률은 각각의 표본점에 부여된 값을 더한 $\frac{1}{6}+\frac{1}{6}+\frac{1}{6}=\frac{1}{2}$로 생각할 수 있다. 그러나 이와는 다르게 1에는 $\frac{1}{2}$을 부여하고 나머지 2, 3, 4, 5, 6에는 각각 $\frac{1}{10}$을 부여할 수도 있다. 이때는 사건 A가 발생할 확률은 $\frac{1}{10}+\frac{1}{10}+\frac{1}{10}=\frac{3}{10}$이 된다.

확률은 일반적으로 다음과 같이 정의한다.

정의 3.7

S를 표본공간이라 하고 S의 멱집합 2^S에 대하여, $P: 2^S \to \mathbb{R}$를 다음 조건을 만족하는 함수라 하자.

(1) 임의의 $A \in 2^S$에 대하여 $0 \le P(A) \le 1$이다.

(2) $P(S)=1$이다.

(3) $\{A_n \mid n \in \mathbb{N}\}$이 서로 배반인 S의 부분집합들의 모임일 때,

$$P\left(\bigcup_{n=1}^{\infty} A_n\right)=\sum_{n=1}^{\infty} P(A_n)$$

이다.

이때, P를 **확률측도**라 하고 (S, P)를 **확률공간**이라고 한다. 그리고 $P(A)$를 사건 A가 일어날 **확률**이라고 한다.

예제 3.8 동전을 한 번 던지는 실험을 생각하면 표본공간은 $S=\{\mathrm{H}, \mathrm{T}\}$이다. 이때, 함수 $P: 2^S \to \mathbb{R}$를

$$P(\phi)=0, \quad P(\{\mathrm{H}\})=\frac{1}{2}, \quad P(\{\mathrm{T}\})=\frac{1}{2}, \quad P(\{\mathrm{H},\mathrm{T}\})=1$$

로 정의하면 P는 확률측도이고, 따라서 $(S,\ P)$는 하나의 확률공간이다. 이 확률공간은 우리가 일반적으로 생각하는 공정한 동전을 던지는 경우에 해당한다.

참고 P가 확률측도일 때 조건 (3)을 사용하면 항상 $P(\varnothing)=0$임을 알 수 있다.

일반적으로 표본공간이 유한집합일 필요는 없지만, 여기서는 표본공간이 유한집합인 경우만 다루기로 하자. 표본공간이 $S=\{\omega_1,\ \omega_2,\ \cdots,\ \omega_k\}$인 경우, 각 ω_j에 대하여 $P(\{\omega_j\})=\dfrac{1}{|S|}$로 정의하고 임의의 부분집합 A에 대하여

$$P(A)=\sum_{\omega_j\in A}P(\omega_j)=\frac{|A|}{|S|}$$

로 정의하면 $(S,\ P)$는 하나의 확률공간이 된다. 앞으로는 특별한 언급이 없으면 이 확률공간을 생각하기로 한다.

예제 3.9 동전을 세 번 던질 때, 적어도 두 번 앞면이 나올 확률을 구하여라.

풀이 표본공간은 $S=\{\mathrm{HHH},\ \mathrm{HHT}, \mathrm{HTH},\ \mathrm{THH}, \mathrm{HTT},\ \mathrm{THT}, \mathrm{TTH},\ \mathrm{TTT}\}$이고 적어도 두 번 앞면이 나올 사건 A는

$$A=\{\mathrm{HHH},\ \mathrm{HHT}, \mathrm{HTH},\ \mathrm{THH}\}$$

이다. 따라서 $P(A)=\dfrac{4}{8}=\dfrac{1}{2}$이다. ■

예제 3.10 주사위를 두 번 던질 때 나온 눈의 합이 6일 확률을 구하여라.

풀이 표본공간 S의 원소의 개수는 36개이고 눈의 합이 6일 사건 A는

$$A=\{(1,\ 5),\ (2,\ 4),\ (3,\ 3),\ (4, 2),\ (5,\ 1)\}$$

이다. 따라서 $P(A)=\dfrac{5}{36}$이다. ■

참고 위와 같이 유한집합인 표본공간 S와 사건 A에 대하여 $P(A)=\dfrac{|A|}{|S|}$로 정의된 확률을 **수학적 확률**이라고 한다. 우리는 공정한 주사위를 던졌을 때 3이 나올 확률은 $\dfrac{1}{6}$이라고 말한다. 이것은 주사위를 6번 던지면 3의 눈이 1번 나온다는 것을 의미하는 것이 아니고, 공정한 주사위를 여러 번 던지면 3의 눈이 던진 횟수

의 $\frac{1}{6}$ 정도의 비율로 나온다는 것을 의미하는 것이다. 어떤 사건의 확률을 시행한 횟수와 그 사건이 발생한 횟수의 상대도수의 극한으로 확률을 정의하는 것을 **통계적 확률**이라고 한다. 실제로 어떤 사건의 수학적 확률이 결정되어 있을 때, 시행한 횟수와 그 사건이 발생한 횟수의 상대도수의 극한이 이 수학적 확률과 같다는 사실이 알려져 있으며, 이것을 **큰 수의 법칙**이라고 한다.

확률의 기본적인 성질을 알아보자.

| 정리 3.8 | 표본공간 S의 두 사건 A, B에 대하여

$$P(A\cup B)=P(A)+P(B)-P(A\cap B)$$

이다.

증명 $P(A\cup B)=\frac{|A\cup B|}{|S|}$이다. 포함배제의 원리에 의하여

$$|A\cup B|=|A|+|B|-|A\cap B|$$

이므로

$$\begin{aligned}P(A\cup B)&=\frac{|A|+|B|-|A\cap B|}{|S|}\\&=\frac{|A|}{|S|}+\frac{|B|}{|S|}-\frac{|A\cap B|}{|S|}\\&=P(A)+P(B)-P(A\cap B)\end{aligned}$$

이다. ■

세 사건인 경우, 위 식은 다음과 같다.

$$\begin{aligned}P(A\cup B\cup C)=P(A)+P(B)+P(C)-P(A\cap B)-P(A\cap C)\\-P(B\cap C)+P(A\cap B\cap C)\end{aligned}$$

예제 3.11 1부터 20까지의 숫자가 각각 적힌 카드가 주머니에 들어 있다. 주머니에서 한 장의 카드를 꺼낼 때, 적혀 있는 숫자가 2의 배수이거나 3의 배수일 확률을 구하여라.

풀이 숫자가 2의 배수일 사건을 A, 3의 배수일 사건을 B라 하면

$$A=\{2,\ 4,\ 6,\ 8,\ 10,\ 12,\ 14,\ 16, 18,\ 20\},\ \ B=\{3,\ 6,\ 9,\ 12,\ 15,\ 18\}$$

이다. 그리고 $A \cap B = \{6,\ 12,\ 18\}$이다. 적혀 있는 숫자가 2의 배수이거나 3의 배수일 사건은 $A \cup B$이므로

$$P(A \cup B) = P(A) + P(B) - P(A \cap B)$$
$$= \frac{10}{20} + \frac{6}{20} - \frac{3}{20} = \frac{13}{20}$$

이다. ■

| 정리 3.9 | 표본공간 S의 사건 A에 대하여

$$P(A^c) = 1 - P(A)$$

이다.

증명 $A \cup A^c = S$이고 $A \cap A^c = \varnothing$이므로

$$P(S) = P(A \cup A^c) = P(A) + P(A^c)$$

이다. 그리고 $P(S) = 1$이므로 $P(A^c) = 1 - P(A)$이다. ■

예제 3.12 주사위를 두 번 던질 때 두 눈의 합이 4 이상이 될 확률을 구하여라.

풀이 표본공간 S의 원소의 개수는 36개다. 두 눈의 합이 4 이상이 될 사건을 A라 하자. A의 원소의 개수를 구하는 것보다 A^c의 원소의 개수를 구하는 것이 더 간단하다. A^c는 두 눈의 합이 3 이하인 사건이므로

$$A^c = \{(1,\ 1),\ (1,\ 2),\ (2,\ 1)\}$$

이다. 따라서 $P(A^c) = \frac{3}{36} = \frac{1}{12}$이다. 그러므로 $P(A) = 1 - \frac{1}{12} = \frac{11}{12}$이다. ■

| 정리 3.10 | 두 사건 A, B에 대하여 $A \subseteq B$이면 $P(A) \le P(B)$이다.

증명 $B = A \cup (B - A)$이고 $A \cap (B - A) = \varnothing$이다. 따라서

$$P(B) = P(A) + P(B - A)$$

이다. 그런데 $P(B - A) \ge 0$이므로 $P(A) \le P(B)$이다. ■

3.3 조건부확률

두 개의 주사위를 던지는 시행을 생각하고 두 눈의 합이 6인 사건을 A라 하자. 그러면 $A=\{(1,\ 5),\ (2,\ 4),\ (3,\ 3),\ (4,2),\ (5,\ 1)\}$이므로 $P(A)=\frac{5}{36}$이다. 이제 첫 번째 눈이 2라는 사실을 알고 있다고 가정하자. 그러면 표본공간이

$$S=\{(2,\ 1),\ (2,\ 2),\ (2,\ 3),\ (2,4),\ (2,\ 5),\ (2,\ 6)\}$$

로 바뀌게 되므로 이 경우 두 눈의 합이 6이 될 확률은 $\frac{1}{6}$이다.

표본공간을 S라 하고 A, B를 두 사건이라 하자. 그러면 $P(A)=\frac{|A|}{|S|}$이다. 이제 사건 B가 발생했다고 가정하자. 그러면 표본공간이 B로 줄어들게 된다.

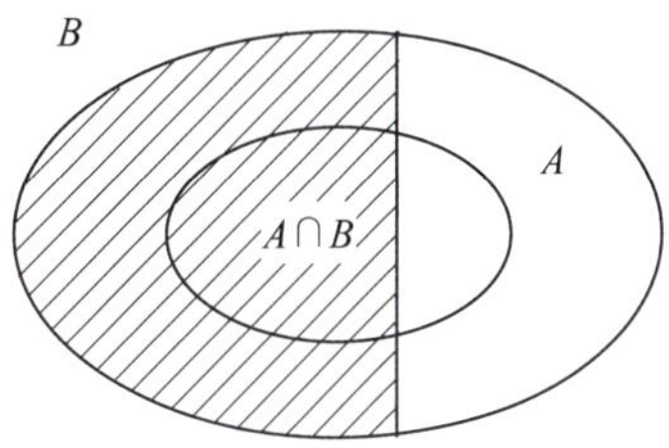

따라서 사건 B가 발생했다 가정하고 A가 발생할 확률을 구하면

$$\frac{|A\cap B|}{|B|}=\frac{|A\cap B|/|S|}{|B|/|S|}=\frac{P(A\cap B)}{P(B)}$$

이다. 이 확률을 사건 B가 발생했다는 가정 하에서 사건 A가 발생할 **조건부확률**이라 하고 $P(A|B)$로 나타낸다.

정의 3.11

A, B를 주어진 두 사건이라 하고 $P(B)>0$이라 하자. 사건 B가 발생했다는 가정 하에서 사건 A가 발생할 조건부확률은 $P(A|B)$로 나타내고

$$P(A|B)=\frac{P(A\cap B)}{P(B)}$$

로 정의한다.

예제 3.13 두 개의 주사위를 던지는 시행에서 두 눈의 합이 짝수라는 가정 하에서 두 눈의 합이 9 이상일 확률을 구하여라.

풀이 두 눈의 합이 9 이상인 사건을 A라 하고 두 눈의 합이 짝수인 사건을 B라 하자. 그러면

$$A=\{(3,\ 6),\ (4,\ 5),\ (5,\ 4),\ (6,3),\ (4,\ 6),\ (5,\ 5),\\ (6,\ 4),\ (5,\ 6),\ (6,\ 5),\ (6,6)\}$$

이므로 $A\cap B=\{(4,\ 6),\ (5,\ 5),\ (6,\ 4),\ (6,6)\}$이다.

$P(B)=\dfrac{1}{2}$이므로

$$P(A\,|\,B)=\frac{P(A\cap B)}{P(B)}=\frac{1/9}{1/2}=\frac{2}{9}$$

이다. ■

예제 3.14 검은 공 5개, 흰 공 4개, 빨간 공 3개가 들어 있는 주머니에서 6개의 공을 꺼낸다. 이 중 2개가 빨간 공이라는 사실을 알 때 나머지 4개 중에서 2개가 흰 공일 확률을 구하여라.

풀이 꺼낸 6개의 공 중에서 2개가 빨간 공인 사건을 B라 하면

$$P(B)=\frac{{}_3C_2\cdot{}_9C_4}{{}_{12}C_6}=\frac{9}{22}$$

이다. 나머지 4개의 공 중에서 2개가 흰 공인 사건을 A라 하면 $A\cap B$는 흰 공, 검은 공, 빨간 공이 각각 2개인 사건이므로

$$P(A\cap B)=\frac{{}_5C_2\cdot{}_4C_2\cdot{}_3C_2}{{}_{12}C_6}=\frac{15}{77}$$

이다. 따라서 구하는 확률은

$$P(A\,|\,B)=\frac{P(A\cap B)}{P(B)}=\frac{15/77}{9/22}=\frac{10}{21}$$

이다. ■

다음 정리는 단계별로 시행을 하는 사건의 확률을 구하는 방법을 제시하고 있다. 증명은 조건부확률의 정의로부터 자명하다.

| 정리 3.12 | 곱의 공식

사건 A_1, A_2, $\cdots$, $A_n(P(A_1 \cap \cdots \cap A_n) > 0)$에 대하여 다음이 성립한다.

$$P(A_1 \cap A_2 \cap \cdots \cap A_n) = P(A_1)P(A_2 | A_1)P(A_3 | A_1 \cap A_2) \cdots P(A_n | A_1 \cap \cdots \cap A_{n-1})$$

예제 3.15 흰 공이 4개, 검은 공이 5개 들어 있는 주머니에서 비복원추출을 한다.

(1) 두 개의 공을 꺼낼 때 두 번 모두 흰 공이 나올 확률을 구하여라.

(2) 세 번째에 처음으로 흰 공이 나올 확률을 구하여라.

풀이 (1) 처음 흰 공이 나오는 사건을 A_1, 두 번째 흰 공이 나오는 사건을 A_2라 하면 구하는 확률은 다음과 같다.

$$P(A_1 \cap A_2) = P(A_1)P(A_2 | A_1) = \frac{4}{9} \times \frac{3}{8} = \frac{1}{6}$$

(2) 처음 검은 공이 나오는 사건을 A_1, 두 번째 검은 공이 나오는 사건을 A_2, 세 번째 흰 공이 나오는 사건을 A_3라 하면 구하는 확률은 다음과 같다.

$$P(A_1 \cap A_2 \cap A_3) = P(A_1)P(A_2 | A_1)P(A_3 | A_1 \cap A_2) = \frac{5}{9} \times \frac{4}{8} \times \frac{4}{7} = \frac{10}{63}$$

■

| 정리 3.13 | 전확률 공식

$P = \{A_1, A_2, \cdots, A_n\}$을 표본공간 S의 분할이라 하자. 임의의 사건 B에 대하여 다음이 성립한다.

$$P(B) = \sum_{i=1}^{n} P(A_i)P(B | A_i)$$

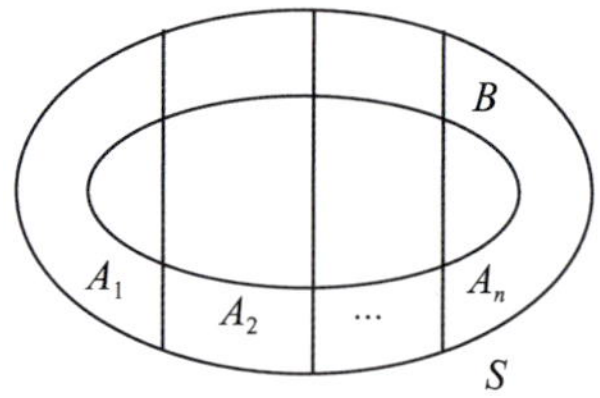

증명 P가 S의 분할이므로 $\bigcup_{i=1}^{n} A_i = S$이다. 따라서

$$B = B \cap S = B \cap \left(\bigcup_{i=1}^{n} A_i \right) = \bigcup_{i=1}^{n} (B \cap A_i)$$

이다. $B \cap A_i$는 쌍별로 배반이므로 곱의 공식에 의하여

$$P(B) = \sum_{i=1}^{n} P(B \cap A_i) = \sum_{i=1}^{n} P(A_i) P(B | A_i)$$

이다. ■

예제 3.16 흰 공 4개, 검은 공 5개가 들어 있는 주머니에서 임의로 한 개의 공을 꺼낸 후 같은 색의 공을 한 개 더 넣는다. 두 번째 꺼낸 공이 검은 공일 확률을 구하여라.

풀이 첫 번째 꺼낸 공이 흰 공일 사건을 A_1, 첫 번째 꺼낸 공이 검은 공일 사건을 A_2, 두 번째 꺼낸 공이 검은 공일 사건을 B라 하자. A_1과 A_2가 처음 공을 꺼내는 시행의 표본공간에 대한 분할이 되므로

$$P(B) = P(A_1) P(B | A_1) + P(A_2) P(B | A_2)$$

이다. 그리고

$$P(A_1) P(B | A_1) = \frac{4}{9} \times \frac{5}{10} = \frac{2}{9}, \quad P(A_2) P(B | A_2) = \frac{5}{9} \times \frac{6}{10} = \frac{1}{3}$$

이므로 $P(B) = \frac{5}{9}$이다. ■

예제 3.17 어느 공장에서는 A, B, C 세 기계를 사용하여 제품을 생산한다. A, B, C 세 기계가 생산하는 제품의 비율은 각각 50%, 30%, 20%이다. 그리고 각 기계에서 생산된 제품 중 불량품의 비율은 각각 2%, 4%, 6%이다. 한 제품을 택했을 때, 이 제품이 불량품일 확률을 구하여라.

풀이 이 제품이 A 기계에서 만들어질 사건을 E_{A}, B 기계에서 만들어질 사건을 E_{B}, C 기계에서 만들어질 사건을 E_{C} 그리고 이 제품이 불량품일 사건을 F라 하면

$$P(F)=P(E_{\mathrm{A}})P(F\,|\,E_{\mathrm{A}})+P(E_{\mathrm{B}})P(F\,|\,E_{\mathrm{B}})+P(E_{\mathrm{C}})P(F\,|\,E_{\mathrm{C}})$$

이다. 그리고

$$P(E_{\mathrm{A}})P(F\,|\,E_{\mathrm{A}})=\frac{50}{100}\times\frac{2}{100}=\frac{1}{100}$$

$$P(E_{\mathrm{B}})P(F\,|\,E_{\mathrm{B}})=\frac{30}{100}\times\frac{4}{100}=\frac{12}{1000}$$

$$P(E_{\mathrm{C}})P(F\,|\,E_{\mathrm{C}})=\frac{20}{100}\times\frac{6}{100}=\frac{12}{1000}$$

이므로 $P(F)=\frac{1}{100}+\frac{12}{1000}+\frac{12}{1000}=\frac{17}{500}$이다. ■

예제 3.17에서 어떤 제품을 택했더니 불량품이었을 때, 이 제품이 어느 특정한 기계에서 만들어졌을 확률을 구하려고 한다. 이때 사용되는 공식이 다음 정리에 있는 베이즈 공식이다.

| 정리 3.14 | 베이즈 공식

$P=\{A_1,\ A_2,\ \cdots,\ A_n\}$을 표본공간 S의 분할이라 하자. 임의의 사건 B에 대하여 다음이 성립한다.

$$P(A_k|B)=\frac{P(A_k)P(B\,|\,A_k)}{\sum_{i=1}^{n}P(A_i)P(B\,|\,A_i)}$$

증명 $P(A_k\cap B)=P(B)P(A_k\,|\,B)$이므로 전확률 공식에 의하여

$$P(A_k|B) = \frac{P(A_k \cap B)}{P(B)} = \frac{P(A_k \cap B)}{\sum_{i=1}^{n} P(A_i)P(B|A_i)} = \frac{P(A_k)P(B|A_k)}{\sum_{i=1}^{n} P(A_i)P(B|A_i)}$$

참고 사건 B의 발생 원인을 제공하는 확률 $P(A_i)$를 **사전확률**(prior probability), 사건 B가 발생한 이후의 확률 $P(A_i|B)$를 **사후확률**(posterior probability)이라 한다. 베이즈 공식은 사전확률을 바탕으로 어떤 결과에 대한 원인이 되는 사건의 확률을 계산하는 공식이다.

예제 3.18 예제 3.17에서 어떤 제품을 택했더니 불량품이었을 때, 그 제품이 B 기계에서 만들어졌을 확률을 구하여라.

풀이 베이즈 공식에 의하여

$$P(E_B|F) = \frac{12/1000}{17/500} = \frac{6}{17}$$

이다. ■

예제 3.19 A 주머니에는 흰 공 2개, 검은 공 1개, B 주머니에는 흰 공 1개, 검은 공 1개, 그리고 C 주머니에는 흰 공만 2개 들어 있다. 임의로 한 주머니를 택하고 그 주머니에서 공을 꺼냈더니 흰 색이었다. 택한 주머니가 A 주머니였을 확률을 구하여라.

풀이 A 주머니를 택하는 사건을 E_A, B 주머니를 택하는 사건을 E_B, C 주머니를 택하는 사건을 E_C라 하고 흰 공이 뽑힐 사건을 F라 하자. 그러면 구하는 확률은

$$P(E_A|F) = \frac{P(E_A \cap F)}{P(F)}$$

이고 전확률 공식을 사용하여 $P(F)$를 구하면 다음과 같다.

$$
\begin{aligned}
P(F) &= P(E_{\mathrm{A}})P(F|E_{\mathrm{A}}) + P(E_{\mathrm{B}})P(F|E_{\mathrm{B}}) + P(E_{\mathrm{C}})P(F|E_{\mathrm{C}}) \\
&= \frac{1}{3}\times\frac{2}{3}+\frac{1}{3}\times\frac{1}{2}+\frac{1}{3}\times 1 \\
&= \frac{13}{18}
\end{aligned}
$$

따라서 구하는 확률은

$$
\begin{aligned}
P(E_{\mathrm{A}}|F) &= \frac{P(E_{\mathrm{A}}\cap F)}{P(F)} = \frac{P(E_{\mathrm{A}})P(F|E_{\mathrm{A}})}{P(F)} \\
&= \frac{2/9}{13/18} = \frac{4}{13}
\end{aligned}
$$

이다. ■

예제 3.20 어떤 바이러스에 감염된 쥐의 혈액검사가 양성으로 나타날 확률은 98%이고 바이러스에 감염되지 않은 쥐의 혈액검사가 양성으로 나타날 확률은 2%이다. 그리고 바이러스에 감염된 쥐의 비율은 0.4%이다. 혈액검사가 양성으로 나타난 쥐가 실제로 바이러스에 감염되었을 확률을 구하여라.

풀이 어떤 쥐가 바이러스에 감염되었을 사건을 A라 하고 혈액검사가 양성으로 나올 사건을 B라 하자. 그러면

$$
P(A) = 0.004, \quad P(B|A) = 0.98, \quad P(B|A^c) = 0.02
$$

이다. 따라서

$$
\begin{aligned}
P(A|B) &= \frac{P(A\cap B)}{P(B)} \\
&= \frac{P(A)P(B|A)}{P(A)P(B|A)+P(A^c)P(B|A^c)} \\
&= \frac{0.004\times 0.98}{0.004\times 0.98 + 0.996\times 0.02} \\
&= 0.1644
\end{aligned}
$$

이다. ■

연습문제

1 두 사건 A, B에 대하여 $P(A)=0.5$, $P(B)=0.3$, $P(A\cap B)=0.2$일 때 다음을 구하여라.

(1) $P(A\cup B)$ (2) $P(A^c\cap B)$

2 두 개의 주사위를 던질 때, 두 눈의 합이 3의 배수일 확률을 구하여라.

3 주머니에 각각 1에서 5까지 번호가 적힌 5개의 공이 들어 있다. 각 공이 선택될 확률은 적혀 있는 숫자에 비례한다. 주머니에서 한 개의 공을 꺼낼 때, 적힌 숫자가 짝수일 확률을 구하여라.

4 정육면체 모양의 주사위의 세 면에는 흰색, 두 면에는 검은색, 한 면에는 노란색을 칠한다. 이 주사위를 두 번 던질 때, 나오는 면의 색깔이 같을 확률을 구하여라.

5 각각 1에서 100까지 번호가 적힌 100장의 카드 중에서 한 장을 꺼낼 때, 선택된 카드에 적힌 숫자가 5 또는 7의 배수일 확률을 구하여라.

6 주머니에 흰 공 7개와 검은 공 3개가 들어 있다. 이 주머니에서 5개의 공을 꺼낼 때 흰 공이 적어도 4개 이상 들어 있을 확률을 구하여라.

7 흰 공 3개, 검은 공 4개, 노란 공 5개를 일렬로 나열한다.

(1) 처음 3개의 공이 모두 다른 색깔일 확률을 구하여라.

(2) 처음 3개의 공에 흰 공이 하나도 없을 확률을 구하여라.

8 한 개의 동전을 세 번 던진다. 앞면이 적어도 두 번 나왔다는 가정하에서 첫 번째 시행에서 앞면이 나왔을 확률을 구하여라.

9 흰 공 3개, 검은 공 4개, 노란 공 2개가 들어 있는 주머니에서 두 개의 공을 꺼낸다. 꺼낸 공의 색깔이 서로 다르다는 가정하에서 노란 색의 공이 뽑혔을 확률을 구하여라.

10 2개의 주사위를 던진다. 두 주사위의 눈이 다르다는 가정하에서 두 눈이 모두 홀수일 확률을 구하여라.

11 어느 대학교의 남학생 비율은 40%이다. 그리고 남학생의 60%와 여학생의 30%가 아르바이트를 한다고 한다. 어떤 학생이 아르바이트를 한다고 할 때, 이 학생이 남학생일 확률을 구하여라.

12 주머니 속에 A, B, C 3개의 동전이 들어 있다. A, B, C 세 동전은 앞면이 나올 확률이 각각 $\frac{1}{2}$, $\frac{1}{3}$, $\frac{1}{4}$ 이다. 임의로 한 동전을 꺼내어 던졌더니 앞면이 나왔다. 세 동전이 택해질 확률은 같다고 할 때, 이 동전이 B 동전이었을 확률을 구하여라.

13 크기와 모양이 같은 7장의 카드가 있다. 이 중에서 한 장은 양면이 모두 흰색, 두 장은 양면이 모두 검은색 그리고 나머지 네 장은 한 면은 흰색, 다른 면은 검은색이다. 카드를 주머니에 넣고 임의로 한 장을 꺼내 바닥에 놓았더니 흰색이었다. 이 카드의 다른 면이 검은색일 확률을 구하여라.

4 그래프 이론

수학적 진리의 거대한 성은 의심 많은 회의론자들의 공격에도 끄덕없고 흔들리지 않는다.

– 러셀(B. Russell)

4.1 기본 개념

그래프는 몇 개의 점과 그 점들을 연결하는 선으로 이루어진 그림을 말한다.

예제 4.1 다음 그림은 모두 그래프의 예이다.

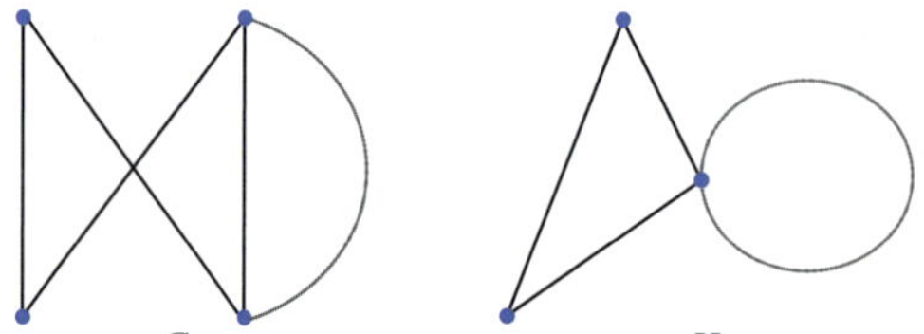

G H

그래프에서 중요한 것은 그래프의 크기나 모양이 아니라 그래프를 이루는 점과 선에 의한 그 점들 사이의 연결관계이다. 그런 의미에서 그래프를 다음과 같이 정의한다.

정의 4.1

그래프 G는 공집합이 아닌 유한집합 V와 V의 원소를 연결한 선의 집합 E의 순서쌍

$$G=(V,\ E)$$

로 정의한다. V의 원소를 G의 **꼭짓점**이라 하고, E의 원소를 G의 **변**이라 한다. 꼭짓점 x와 y가 한 변으로 연결되어 있을 때 x와 y는 서로 **인접하다**고 한다.

예제 4.2 예제 4.1에서 그래프 G는 꼭짓점이 4개, 변이 5개이고, 그래프 H는 꼭짓점이 3개, 변이 4개이다.

정의 4.2

두 개의 변이 같은 꼭짓점을 끝점으로 가지고 있을 때 두 변을 **다중 변**이라고 한다. 그리고 한 꼭짓점과 그 자신을 연결하는 변을 **고리**라고 한다. 그래프 중에서 다중 변과 고리를 가지고 있지 않은 그래프를 **단순그래프**라고 한다.

정의 4.3

꼭짓점 v에 연결되어 있는 변의 수를 v의 **차수**라 하고, $\deg(v)$로 나타낸다. 고리인

경우는 변의 수를 2로 계산한다. 차수가 짝수인 꼭짓점을 **짝수점**, 홀수인 꼭짓점을 **홀수점**이라 하고, 꼭짓점의 차수를 나열한 수열

$$(\deg(v_1),\ \deg(v_2),\ \cdots,\ \deg(v_n))$$

을 **차수열**이라 한다.

예제 4.3 다음 그래프는

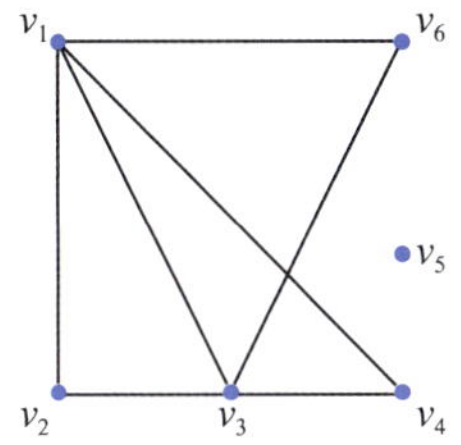

$\deg(v_1)=\deg(v_3)=4,\ \deg(v_2)=\deg(v_4)=\deg(v_6)=2,\ \deg(v_5)=0$이다.

| 정리 4.4 | $v_1,\ v_2,\ \cdots,\ v_n$을 그래프 G의 꼭짓점이라 하고 변의 수를 e라 하면

$$\sum_{i=1}^{n}\deg(v_i)=2e$$

이다.

증명 각 변은 그 변이 연결하고 있는 꼭짓점의 차수를 구할 때 양쪽에서 한 번씩 계산되므로 모든 차수의 합을 계산할 때 2번 계산된다. 그리고 고리인 경우는 정의에 의하여 2로 계산되므로 증명이 된다. ■

정리 4.4에 의하여 다음 정리를 얻을 수 있다.

| 정리 4.5 | 모든 그래프에서 홀수점의 개수는 짝수이다.

예제 4.4 어느 모임에 참가한 사람들이 서로 악수를 했다. 홀수 번 악수를 한 사람의 수는 짝수임을 보여라.

풀이 사람을 꼭짓점으로 표시하고 악수를 한 사람을 선으로 연결한 그래프를 생각하자. 홀수 번 악수를 한 사람을 나타내는 꼭짓점은 홀수점이므로 위 정리에 의하여 그 수는 짝수이다. ■

예제 4.5 다음 물음에 답하여라.

(1) 차수열이 (4, 3, 3, 2, 2)인 그래프를 그려 보아라.

(2) 차수열이 (4, 3, 3, 3, 2)인 그래프를 그릴 수 있겠는가?

풀이 (1) 다음은 차수열이 (4, 3, 3, 2, 2)인 그래프이다.

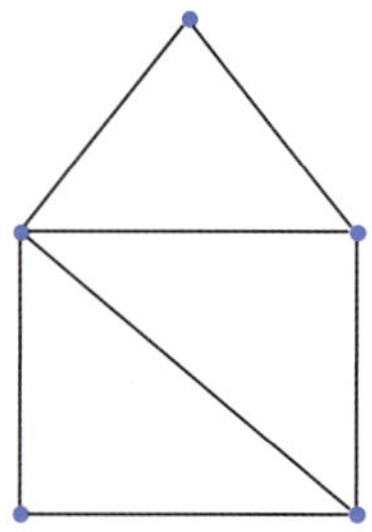

차수열이 (4, 3, 3, 2, 2)인 그래프는 여러 가지 방법으로 그릴 수 있다.

(2) 차수열이 (4, 3, 3, 3, 2)인 그래프는 존재하지 않는다. 왜냐하면 홀수가 3개이기 때문이다. ■

| 정리 4.6 | 단순그래프에서는 차수가 같은 꼭짓점이 두 개 이상 존재한다.

증명 G를 꼭짓점의 수가 n인 단순그래프라 하자. $n \le 2$이면 자명하다. $n \ge 3$이라 하고 먼저 차수가 0인 꼭짓점이 없다고 가정하자. G의 꼭짓점을 v_1, v_2, $\cdots$, v_n이라 하면 v_i는 나머지 $n-1$개의 꼭짓점과 적어도 한 번, 그리고 많아야 한 번 인접하므로

$$1 \le \deg(v_i) \le n-1$$

이다. 즉, n개의 차수 $\deg(v_1)$, $\deg(v_2)$, $\cdots$, $\deg(v_n)$은 $n-1$개의 값 $1, 2, \cdots, n-1$ 중 하나를 갖게 된다. 따라서 비둘기집의 원리에 의하여 적어도 두 개의 꼭짓점은 같은 차수를 갖게 된다.

차수가 0인 꼭짓점이 있는 경우는 차수가 $n-1$인 꼭짓점이 없다. 따라서 n개의 차수 $\deg(v_1)$, $\deg(v_2)$, $\cdots$, $\deg(v_n)$은 $n-1$개의 값 $0, 1, 2, \cdots, n-2$

중 하나를 갖게 되고, 마찬가지로 비둘기집의 원리에 의하여 적어도 두 개의 꼭짓점은 같은 차수를 갖게 된다. ■

단순그래프를 이용하여 다음 퍼즐을 풀어 보자.

[퍼즐] (악수 퍼즐)

4쌍의 부부가 파티에 참가했다. 자신의 배우자와는 악수를 하지 않고 다른 부부와만 악수를 했는데 나를 제외한 다른 사람들이 악수를 한 횟수가 모두 달랐다. 나는 악수를 몇 번 했을까?

정의 4.7

그래프 G의 꼭짓점의 집합을 $V(G)$, 그래프 H의 꼭짓점의 집합을 $V(H)$라 하고 두 그래프의 꼭짓점의 수가 같다고 하자. 꼭짓점 사이의 인접성을 보존하는 1-1 대응관계 $f: V(G) \to V(H)$가 존재할 때, 두 그래프를 **동형**이라 한다.

예제 4.6 다음 그래프 중에서 G_1과 G_2는 동형이지만, G_1과 G_3는 동형이 아니다.

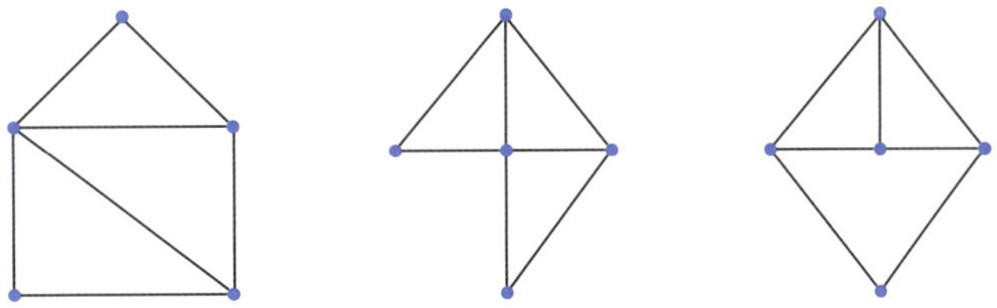

G_1 G_2 G_3

두 개의 그래프가 동형이면 두 그래프의 꼭짓점의 수와 변의 수가 같고 또 대응되는 꼭짓점의 차수도 같다. 따라서 차수열도 같다. 그러나 역은 성립하지 않는다. 다음 두 그래프는 모두 차수열은 (2, 2, 2, 2)로 같지만 동형은 아니다.

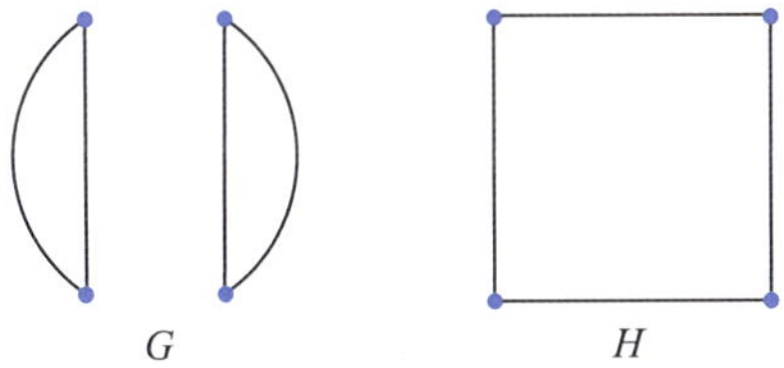

G H

참고 같은 수의 탄소와 수소를 가지고 있지만 서로 다른 분자구조를 가진 화합물이 존재한다. 화학에서는 이 화합물을 동형이 아닌 그래프를 이용하여 표현한다.

4.2 여러 가지 그래프

정의 4.8

모든 꼭짓점들이 서로 연결되어 있는 단순그래프를 **완전그래프**라 하고, 꼭짓점의 수가 n개인 완전그래프를 K_n으로 표시한다.

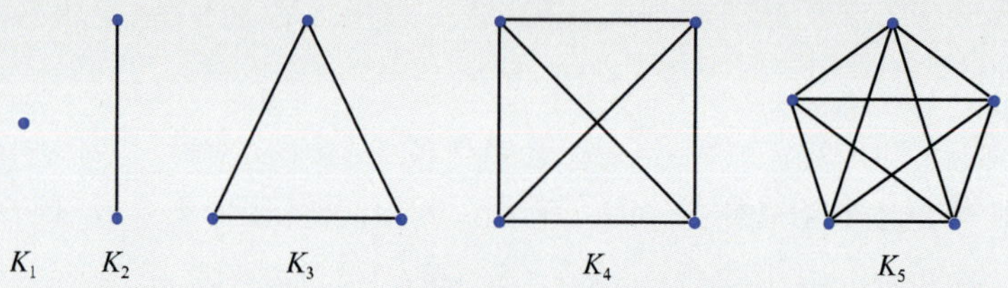

완전그래프

완전그래프 K_n의 변의 수는 ${}_nC_2 = \dfrac{n(n-1)}{2}$이다.

정의 4.9

모든 꼭짓점들의 차수가 같은 그래프를 **정칙그래프**라 한다. 특히 차수가 모두 r인 경우 $r-$**정칙그래프**라 한다.

| 정리 4.10 | G가 꼭짓점의 수가 n인 $r-$정칙그래프이면 $2e = nr$이다.

증명 그래프 G의 꼭짓점을 $v_1,\ v_2,\ \cdots,\ v_n$이라 하면 정리 4.4에 의하여 $\sum_{i=1}^{n} \deg(v_i) = 2e$이다. 그런데 G가 $r-$정칙그래프이므로 $\sum_{i=1}^{n} \deg(v_i) = nr$이다. 따라서 $2e = nr$이다.

정의 4.11

그래프 G의 꼭짓점들의 집합 V가 두 개의 집합 X와 Y로 구분되어 같은 집합에 속하는 꼭짓점끼리는 인접하지 않을 때, G를 **이분그래프**라 한다. 이때, $(X,\ Y)$를 V

의 **이분할**이라 한다. 특히 X에 속하는 모든 꼭짓점과 Y에 속하는 모든 꼭짓점이 인접할 때, G를 **완전이분그래프**라 한다. X의 원소의 수가 n이고 Y의 원소의 수가 m인 완전이분그래프를 $K_{n,m}$으로 나타낸다.

그래프 $K_{n,m}$의 꼭짓점의 수는 $n+m$이고 변의 수는 nm이다.

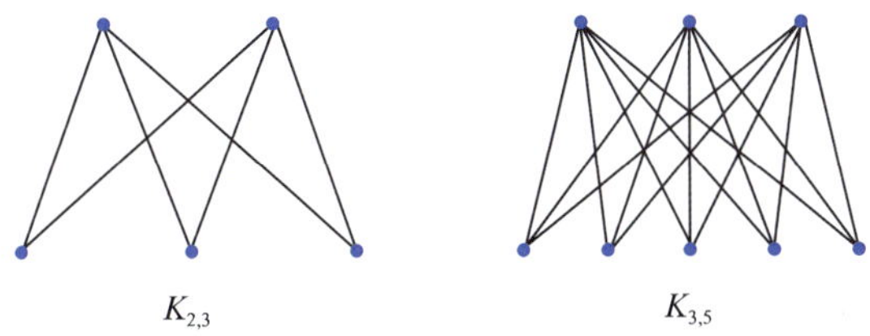

완전이분그래프

예제 4.7 다음 왼쪽 그래프는 오른쪽과 같이 그릴 수 있다. 따라서 두 그래프는 동형이고, 왼쪽 그래프도 이분그래프이다.

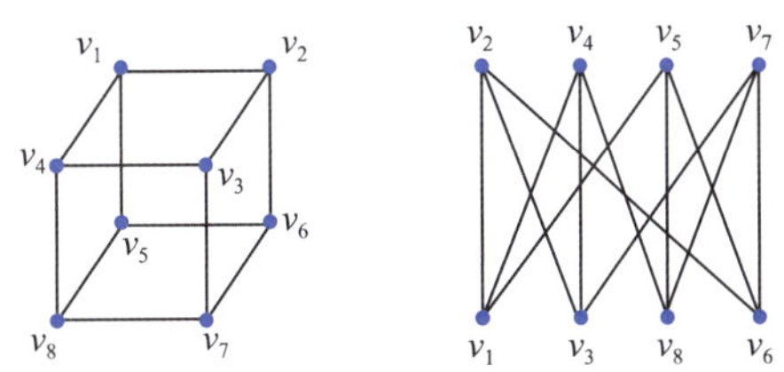

| 정리 4.12 | 이분그래프 G의 꼭짓점들의 집합을 V라 하고 변의 수를 e라 하자. (X, Y)를 V의 이분할이라 하면

$$\sum_{x \in X} \deg(x) = \sum_{y \in Y} \deg(y) = e$$

이다.

정의 4.13

그래프 G의 임의의 두 꼭짓점이 몇 개의 변에 의하여 연결되어 있을 때 G를 **연결그래프**라 한다.

다음 그래프 G는 연결그래프이고 H는 연결그래프가 아니다.

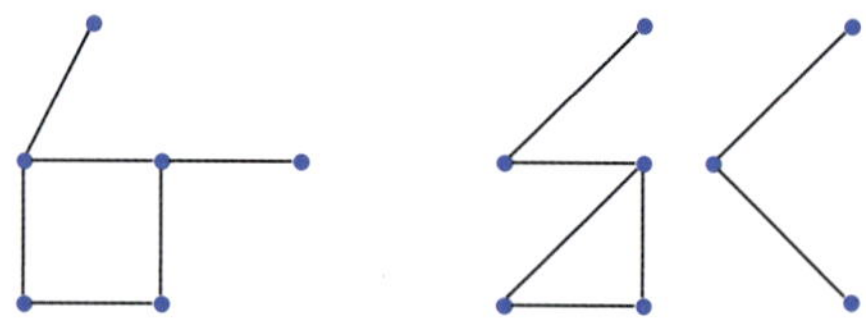

G H

정의 4.14

변을 겹치지 않도록 평면에 그림으로 나타낼 수 있는 그래프를 **평면그래프**라 한다.

다음 그래프 G는 H와 같이 그릴 수 있으므로 평면그래프이다.

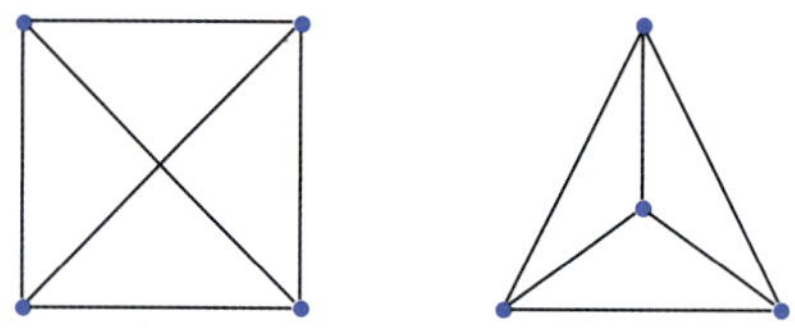

G H

다음 그림과 같이 세 집과 가스, 전기, 물을 공급하는 시설이 있다. 각 집에서 각 시설을 연결하는 길을 그리려고 한다. 이때, 길을 겹치지 않고 그리는 것은 불가능하다. 그 이유를 알아보자.

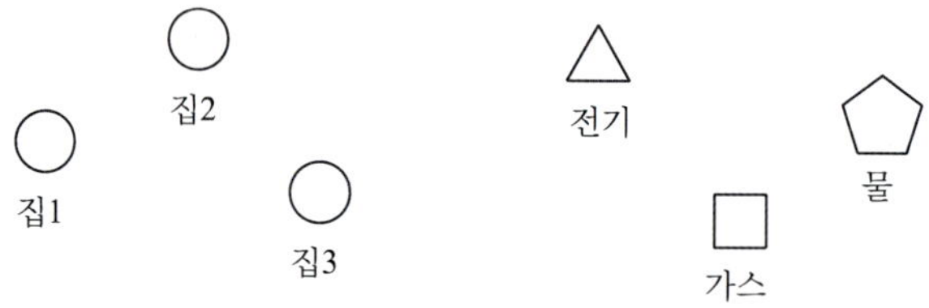

평면그래프를 변을 겹치지 않게 종이 위에 그리면 평면을 몇 개의 영역으로 나누는데 이 영역을 **면**이라고 한다. 다음은 평면그래프와 관련된 매우 유명한 정리이다.

| 정리 4.15 | 오일러 공식

연결 평면그래프 G의 꼭짓점의 수를 v, 변의 수를 e, 면의 수를 f라 하면

$$v - e + f = 2$$

이다. 이 값을 **오일러 표수**라 한다.

증명 $v=1$이고 $e=0$인 경우를 생각하자. 이 경우는 $f=1$이므로

$$v-e+f=1-0+1=2$$

이므로 성립한다.

모든 연결 평면그래프는 다음과 같은 두 가지 과정을 거쳐 만들어진다.

(1) 주어진 그래프 G의 두 꼭짓점을 택하고 이 두 꼭짓점을 연결하는 새로운 변을 추가한다. 이렇게 만들어진 그래프를 H라 하면 추가된 변이 G에 의해서 만들어진 한 면을 두 개로 나누게 된다. 따라서 H의 꼭짓점의 수는 변하지 않고 변과 면의 수는 하나씩 증가하게 된다. 따라서 H의 오일러 표수를 구하면

$$v-(e+1)+(f+1)=v-e+f$$

이므로 G의 오일러 표수와 같다.

(2) 주어진 그래프 G에 새로운 꼭짓점을 추가하고 이 꼭짓점과 G의 한 꼭짓점을 연결하는 변을 추가한다. 이렇게 만들어진 그래프를 H라 하면 H의 꼭짓점의 수와 변의 수는 하나씩 증가하고 면의 수는 변하지 않는다. 따라서 H의 오일러 표수를 구하면

$$(v+1)-(e+1)+f=v-e+f$$

이므로 G의 오일러 표수와 같다.

그러므로 모든 연결 평면그래프에 대하여 $v-e+f=2$이다. ■

F를 평면그래프의 한 면이라 하자. F의 변 쪽에 있는 가장자리의 수를 F의 차수라 하고 $\deg(F)$로 나타낸다. 다음 그래프는 평면을 두 개의 면 F_1과 F_2로 나눈다. 그리고 $\deg(F_1)=3$이고 $\deg(F_2)=5$이다.

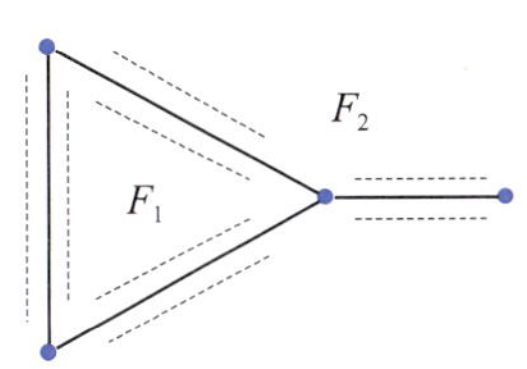

꼭짓점의 차수와 변의 수 사이의 관계와 마찬가지로, 면의 차수와 변의 수 사이에는 다음과 같은 관계가 있다.

| 정리 4.16 | 평면그래프 G가 평면을 n개의 면 F_1, F_2, $\cdots$, F_n으로 나눈다고 하자. G의 변의 수가 e이면

$$\sum_{i=1}^{n} \deg(F_i) = 2e$$

이다.

다음 정리는 주어진 그래프가 평면그래프인지 아닌지를 판단하는데 유용하게 사용되는 정리이다.

| 정리 4.17 | G를 꼭짓점의 수가 $v(v \ge 3)$, 변의 수가 e인 단순 연결 평면그래프라 하면

$$e \le 3v - 6$$

이다.

증명 면의 수를 f라 하고 각 면을 $F_i(1 \le i \le f)$라 하자. 정리 4.16에 의하여 $\sum_{i=1}^{f} \deg(F_i) = 2e$이다. 그런데 모든 면은 적어도 3개 이상의 변으로 둘러싸여 있으므로 $\sum_{i=1}^{f} \deg(F_i) \ge 3f$이다. 따라서 $2e \ge 3f$이다. 오일러 공식으로부터

$$2 = v - e + f \le v - e + \frac{2e}{3} = v - \frac{e}{3}$$

이다. 그러므로 $e \le 3v - 6$이다. ■

예제 4.8 K_5는 평면그래프가 아님을 보여라.

풀이 K_5는 꼭짓점 5개, 변 ${}_5C_2 = 10$개로 이루어져 있다. 따라서 $3 \times 5 - 6 = 9 < 10$이므로 평면그래프가 아니다. ■

예제 4.9 $K_{3,3}$은 평면그래프가 아님을 보여라.

풀이 $K_{3,3}$을 평면그래프라 하고 $K_{3,3}$이 평면을 f개의 면 $F_i(1 \le i \le f)$로 나눈다고 하

자. $K_{3,3}$이 삼각형을 포함하고 있지 않다는 사실을 생각하면 $\sum_{i=1}^{f} \deg(F_i) \geq 4f$이다. 그런데 $K_{3,3}$의 변의 수는 9이고 모든 변은 $\sum_{i=1}^{f} \deg(F_i)$를 계산할 때 기껏해야 두 번씩 계산되므로

$$\sum_{i=1}^{f} \deg(F_i) \leq 2 \times 9 = 18$$

이다. 따라서 $4f \leq 18$, 즉 $f \leq 9/2$이다. 그런데 오일러 공식에 의하면 $6-9+f=2$이므로 $f=5$이고, 이것은 모순이다. 따라서 $K_{3,3}$은 평면그래프가 아니다. ■

다음 정리는 평면그래프인지 아닌지를 판단하는 유명한 정리이다.

| 정리 4.18 | 쿠라토프스키의 정리

그래프 G가 평면그래프이기 위한 필요충분조건은 G가 K_5나 $K_{3,3}$ 또는 이들의 부분분할과 동형인 부분그래프를 포함하지 않는 것이다.

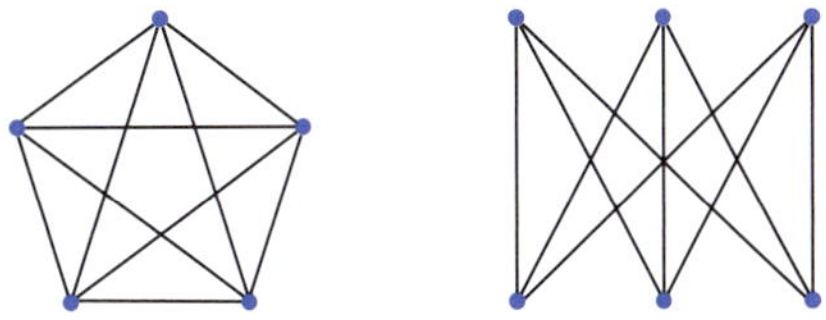

K_5 $K_{3,3}$ ■

정다면체는 변이 겹치지 않도록 평면에 펼쳐 그릴 수 있으므로 평면그래프이다. 오일러 정리로부터 다음 결과를 얻을 수 있다.

| 정리 4.19 | 정다면체의 분류

정다면체는 5가지 밖에 없다.

증명 정다면체의 면을 정$n(n \geq 3)$각형이라 하고 꼭짓점에서 만나는 면의 수, 즉 변의 수를 $k(k \geq 3)$라 하자. 꼭짓점의 수를 v, 변의 수를 e, 면의 수를 f라 하면

$$2e = vk, \quad 2e = fn$$

이다. 오일러 공식으로부터

$$\frac{v}{e}-1+\frac{f}{e}=\frac{2}{e}$$

이다. 따라서

$$\frac{1}{k}+\frac{1}{n}=\frac{1}{e}+\frac{1}{2}$$

이고, 그러므로 $\frac{1}{k}+\frac{1}{n}>\frac{1}{2}$이다. 따라서 다음을 얻는다.

k	n
3	3, 4, 5
4	3
5	3

그러므로 정다면체는 다음 5가지 밖에 없다.

$n=3,\ k=3$	정사면체
$n=4,\ k=3$	정육면체
$n=5,\ k=3$	정십이면체
$n=3,\ k=4$	정팔면체
$n=3,\ k=5$	정이십면체

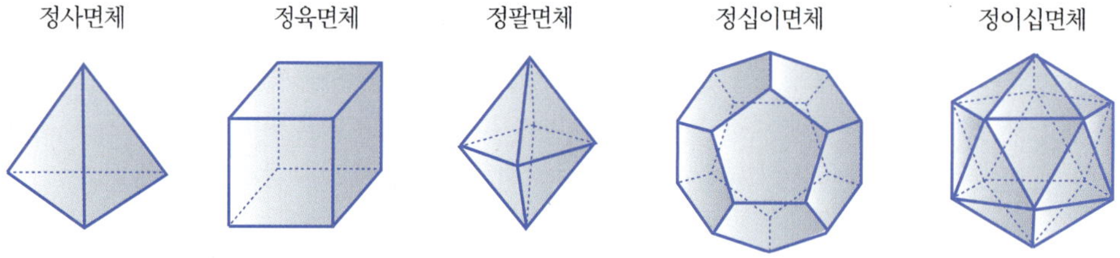

4.3 한 붓 그리기

18세기 독일의 쾨니히스베르크라는 도시에 있는 프레겔 강에는 다음 그림과 같이 두 개의 섬이 있고 7개의 다리로 육지와 연결되어 있었다.

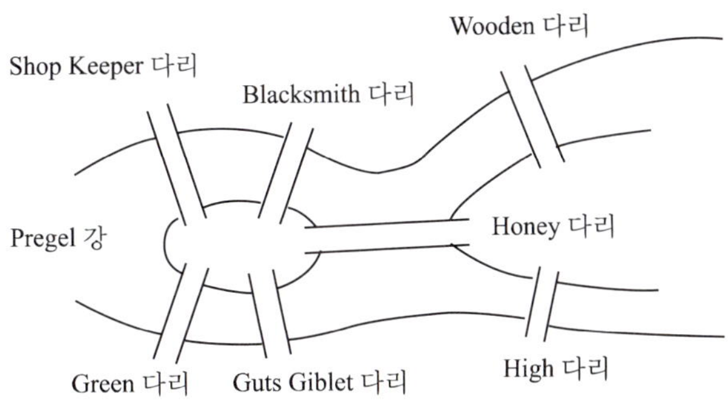

어느 한 곳에서 출발하여 7개의 다리를 정확하게 한 번 씩만 건너서 출발한 곳으로 돌아올 수 있겠는가? 많은 사람들이 불가능할 것이라고 생각만 했으나, 1736년 오일러가 다음과 같은 그래프를 사용하여 이 문제를 해결하고 일반화하였다.

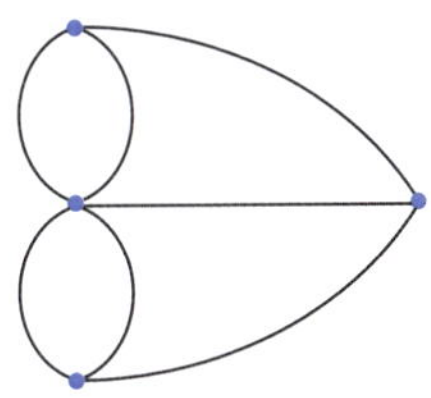

정의 4.20

그래프에서 인접하는 변의 나열을 **경로**라 하고 특히 양 끝점이 같은 경로를 **폐로**라 한다. 모든 변이 다른 폐로를 **회로**라 한다.

예제 4.10 경로를 지나가는 꼭짓점과 변을 순서대로 나열하여 표현하기로 하자. 다음 그래프에서

$$v_2\ e_2\ v_3\ e_4\ v_4\ e_8\ v_8\ e_9\ v_7\ e_{10}\ v_6\ e_7\ v_4$$

는 경로이지만 폐로는 아니다. 그리고

$$v_5\ e_5\ v_4\ e_8\ v_8\ e_{13}\ v_9\ e_{12}\ v_{10}\ e_{11}\ v_8\ e_8\ v_4\ e_5\ v_5$$

는 폐로이지만 회로는 아니다. 그리고

$$v_2\ e_2\ v_3\ e_4\ v_4\ e_5\ v_5\ e_6\ v_6\ e_7\ v_4\ e_3\ v_2$$

는 회로이다.

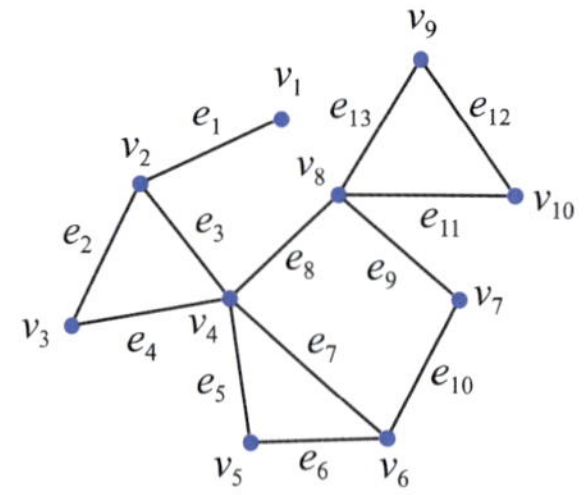

| 정리 4.21 | 모든 꼭짓점의 차수가 2 이상인 그래프에는 회로가 존재한다.

증명 G를 모든 꼭짓점의 차수가 2 이상인 그래프라 하자. G가 다중변이나 고리를 갖는 경우는 자명하므로 G를 단순그래프라고 가정하자. 다음과 같은 방법으로 꼭짓점을 택하자.

(1) 임의의 꼭짓점 v_1을 택한다.

(2) v_1과 인접한 꼭짓점 v_2를 택한다(v_1의 차수가 2 이상이므로 가능하다).

(3) v_i가 택해지면 v_i와 인접한 점 중에서 v_{i-1}이 아닌 꼭짓점 v_{i+1}을 택한다(v_i의 차수가 2 이상이므로 가능하다).

이 과정을 반복하면 G의 꼭짓점이 유한하므로 적당한 j, $k(j<k)$가 존재하여 $v_j=v_k$이다. 이때 v_j에서 출발하여 v_{j+1}, v_{j+2}, $\cdots$를 거쳐 v_k까지 가는 경로가 회로이다. ■

정의 4.22

그래프의 모든 변을 다 포함하는 회로를 **오일러 회로**라 하고 오일러 회로를 갖는 그래프를 **오일러 그래프**라 한다.

예제 4.11 완전그래프 K_3와 K_5는 오일러 그래프이다. 그러나 K_4는 오일러 그래프가 아니다.

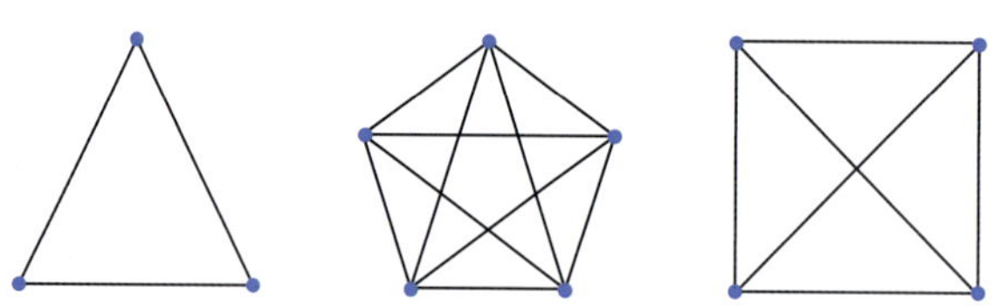

다음 정리는 주어진 그래프가 오일러 그래프인지 아닌지를 판단하는데 사용되는 정리이다.

| 정리 4.23 | 오일러 정리

연결그래프가 오일러 그래프이기 위한 필요충분조건은 모든 꼭짓점이 짝수점인 것이다.

증명 연결그래프 G가 오일러 회로를 갖는다고 하자. 한 꼭짓점에서 출발하여 이 회로를 따라 다시 돌아갈 때까지 각 꼭짓점 v에 대하여 v로 들어가는 횟수와 v에서 나가는 횟수가 같다. 따라서 꼭짓점 v는 짝수점이다.

역으로 G를 꼭짓점이 모두 짝수점인 연결그래프라 하자. 한 꼭짓점 v를 택하고 변을 따라 다른 꼭짓점으로 움직였다고 하자. 이 꼭짓점도 짝수점이므로 이 꼭짓점과 연결된 사용하지 않은 다른 변이 존재하고 따라서 새로운 변을 따라 다른 꼭짓점으로 나갈 수 있다. G의 꼭짓점의 수가 유한개이므로 v로 들어오는 회로 C_1을 얻는다. 회로 C_1이 G의 모든 변을 다 포함하고 있으면 C_1이 오일러 회로이고 따라서 G는 오일러 그래프이다.

C_1이 G의 모든 변을 포함하고 있지 않다고 하자. 그러면 G가 연결그래프이므로 C_1에 포함된 한 꼭짓점 w와 연결된 사용되지 않은 변이 존재한다. 이 변으로부터 출발하여 위와 같은 방법으로 C_1에 포함되지 않은 변들을 사용하여 w를 출발하여 w로 돌아오는 회로 C_2를 얻을 수 있다. 이제 다음과 같이 v를 출발하여 v로 돌아오는 회로 $C_1 + C_2$를 얻을 수 있다.

$$v \xrightarrow{C_1} w \xrightarrow{C_2} w \xrightarrow{C_1} v$$

회로 $C_1 + C_2$가 G의 모든 변을 다 포함하고 있으면 $C_1 + C_2$가 오일러 회로이고 따라서 G는 오일러 그래프이다.

만일 $C_1 + C_2$가 G의 모든 변을 포함하고 있지 않으면 위와 같은 방법으로 새로운 회로를 추가할 수 있다. 그런데 G는 유한개의 변을 가지고 있으므로 유한 번의 과정을 통하여 오일러 회로를 얻을 수 있다. 따라서 G는 오일러 그래프이다. ■

예제 4.12 다음 그래프 중에서 첫 번째 그래프는 모든 꼭짓점이 짝수점이므로 오일러 그래프이다. 그러나 나머지 두 그래프는 오일러 그래프가 아니다.

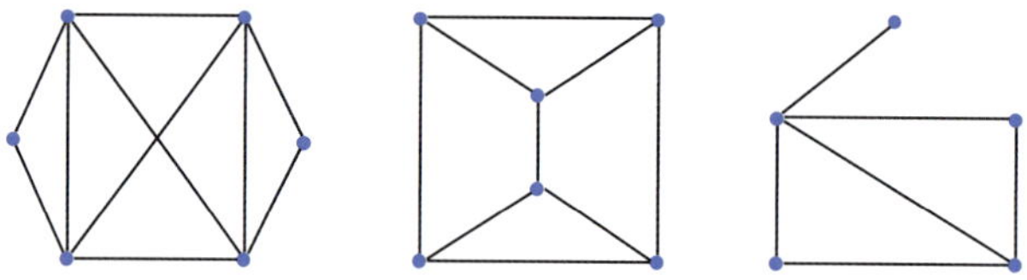

정의 4.24

그래프의 모든 변을 정확하게 한 번씩만 지나는 경로를 **오일러 경로**라 한다. 오일러 경로를 갖는 그래프를 한 붓 그리기가 가능하다고 한다.

오일러 회로는 오일러 경로이다. 따라서 오일러 그래프는 한 붓 그리기가 가능하다.

| 정리 4.25 | 그래프가 한 붓 그리기가 가능할 필요충분조건은 홀수점이 없거나 2개인 것이다.

증명 그래프 G가 홀수점을 갖지 않으면 오일러 회로가 존재하므로 한 붓 그리기가 가능하다.

그래프 G가 2개의 홀수점 v_1, v_2를 갖는다고 하자. v_1과 v_2를 변 e로 연결한 그래프를 G^*라 하면 G^*의 모든 꼭짓점은 짝수점이다. 따라서 G^*는 오일러 회로를 갖는다. 이 오일러 회로에서 변 e를 제거하면 G의 오일러 경로를 얻게 된다.

역으로 그래프 G가 한 붓 그리기가 가능하다고 하자. G가 오일러 회로를 가지면 오일러 정리에 의하여 홀수점이 없다. G가 오일러 회로가 아닌 오일러 경로를 갖는다고 하고 이 경로가 v_1에서 출발하여 v_2에서 끝난다고 하자. v_1과 v_2를 변 e로 연결한 그래프를 G^*라 하면 오일러 경로에 e를 추가하여 G^*의 오일러 회로를 얻을 수 있다. 따라서 G^*의 꼭짓점은 모두 짝수점이다. 그러므로 G에서 v_1과 v_2만이 홀수점이다. ■

예제 4.13 예제 4.12의 그래프 중에서 첫 번째 그래프는 오일러 그래프이므로 한 붓 그리기가 가능한 그래프이다. 그리고 세 번째 그래프는 홀수점이 2개 있으므로 한 붓 그리기가 가능한 그래프이다. 그러나 두 번째 그래프는 홀수점이 6개가 있으므로 한 붓 그리기가 불가능하다.

4.4 그래프와 행렬

그래프를 행렬로 표현했을 때 그 구조를 더 쉽게 알 수 있는 경우가 있다. 그래프 G의 꼭짓점을 $v_1,\ v_2,\ \cdots,\ v_n$이라 하자. $(i,\ j)-$성분이 v_i 와 v_j를 연결하는 변의 수 a_{ij}로 정의된 n차 정방행렬을 G의 **인접행렬**이라 하고, $A(G)$로 나타낸다. 예를 들어 G가

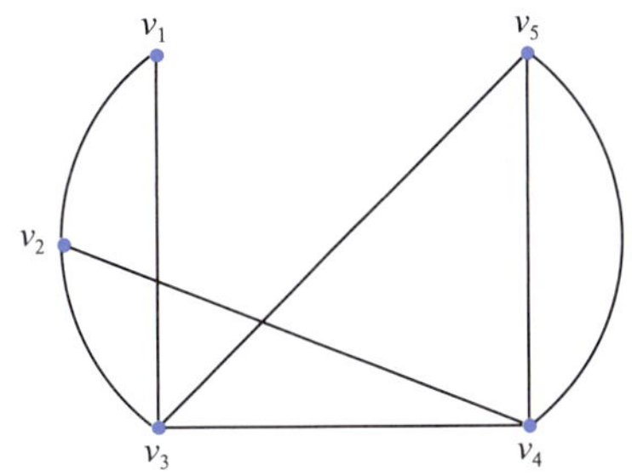

일 때 인접행렬 $A(G)$는 다음과 같다.

$$\begin{pmatrix} 0 & 1 & 1 & 0 & 0 \\ 1 & 0 & 1 & 1 & 0 \\ 1 & 1 & 0 & 1 & 1 \\ 0 & 1 & 1 & 0 & 2 \\ 0 & 0 & 1 & 2 & 0 \end{pmatrix}$$

정의에 의하여 인접행렬은 대칭행렬이고 $(i,\ j)-$성분에 들어 있는 숫자는 v_i에서 v_j까지 한 개의 변을 사용하여 갈 수 있는 방법의 수이다. 다음 정리는 행렬 $[A(G)]^n$의 $(i,\ j)-$성분이 의미하는 것을 나타낸다.

| 정리 4.26 | 그래프 G에 대하여 행렬 $[A(G)]^n$의 $(i,\ j)-$성분은 v_i에서 v_j까지 n개의 변을 사용하여 갈 수 있는 방법의 수이다.

증명 행렬 $[A(G)]^n$의 $(i,\ j)-$성분을 a_{ij}^n, v_i에서 v_j까지 n개의 변을 사용하여 갈 수 있는 방법의 수를 b_{ij}^n라 하고, 수학적 귀납법을 사용하여 모든 n에 대하여 $a_{ij}^n = b_{ij}^n (1 \le i,\ j \le n)$임을 보이면 된다. $n=1$인 경우 $A(G)$의 $(i,\ j)-$성분은 v_i와 v_j를 연결하는 변의 수이므로 성립한다.

$n=k-1$일 때 성립한다고 가정하자. v_i에서 v_j까지 k개의 변을 사용하여 갈 수 있기 위해서는 v_i에서 어떤 v_l까지 $k-1$개의 변을 사용하여 갈 수 있고 v_l과 v_j를 연결하는 변이 있으면 된다. 따라서

$$b_{ij}^{k} = \sum_{l=1}^{n} [\, b_{il}^{k-1} \times (v_l\text{과 } v_j\text{를 연결하는 변의 수})]$$

이다. 수학적 귀납법의 가정에 의하여 $b_{il}^{k-1} = a_{il}^{k-1}(1 \le l \le n)$이고, v_l과 v_j를 연결하는 변의 수는 a_{lj}이므로

$$\begin{aligned} b_{ij}^{k} &= \sum_{l=1}^{n} [\, b_{il}^{k-1} \times (v_l\text{과 } v_j\text{를 연결하는 변의 수})] \\ &= \sum_{l=1}^{n} [\, a_{il}^{k-1} \times a_{lj}] \\ &= a_{ij}^{k} \end{aligned}$$

이다. 따라서 증명이 되었다. ■

연습문제

1 차수열이 $(3,\ 2,\ 2,\ 1,\ 1,\ 1)$이고 서로 동형이 아닌 그래프를 그려라.

2 단순그래프 G의 변의 수가 50일 때, G의 꼭짓점의 수가 가질 수 있는 값의 최솟값을 구하여라.

3 그래프 G의 변의 수가 25이고 각 꼭짓점의 차수가 4 이상일 때, G의 꼭짓점의 수가 가질 수 있는 최댓값을 구하여라.

4 다음 두 그래프가 동형인지 아닌지 설명하여라.

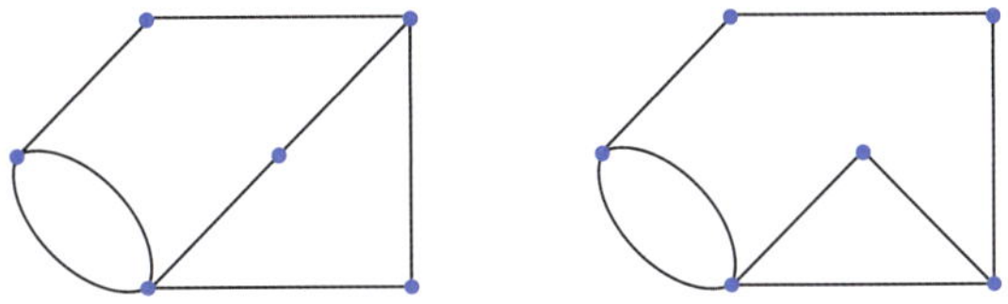

5 완전그래프 K_6의 모든 변을 흰색 또는 검은색으로 칠한다고 하자. 모든 변이 같은 색으로 칠해진 삼각형이 존재함을 보여라.

6 다음 그래프 중 오일러 그래프를 찾아라. 또 한 붓 그리기가 가능한 그래프를 찾아라.

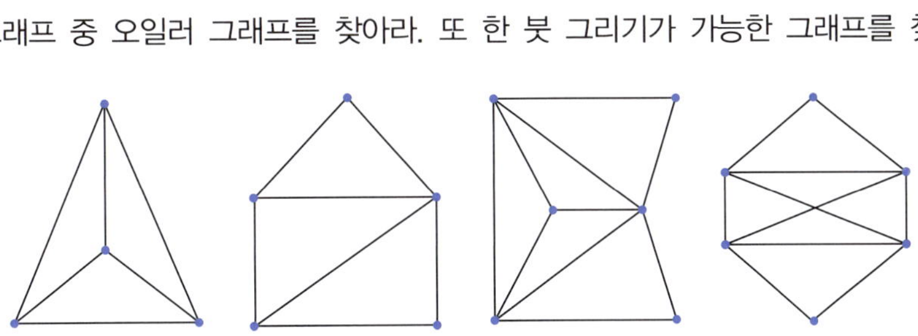

7 단순 평면그래프 G의 변의 수가 30보다 작을 때, 차수가 4 이하인 꼭짓점이 존재함을 보여라.

8 축구공은 12개의 오각형과 20개의 육각형을 붙여서 만들어진다. 꼭짓점의 수를 구하여라.

9 단순 연결그래프 G가 꼭짓점의 수는 n, 변의 수는 $3n-6$인 평면그래프이면 모든 면은 삼각형임을 보여라.

10 연결 평면그래프 G가 평면을 15개의 면으로 나눈다. G가 3–정칙그래프일 때, G의 꼭짓점의 수를 구하여라.

5 수학적 귀납법과 나눗셈 정리

수학은 모든 과학의 여왕이고 수론은 수학의 여왕이다.

–가우스(K. F. Gauss)

5.1 수학적 귀납법

정수 전체의 집합을 Z로 나타낸다. 또, 양의 정수 전체의 집합을 N으로 나타낸다. 그러면 양의 정수들의 집합 N은 다음 성질들을 갖는다.

| 정리 5.1 | 정수의 정렬성(Well-ordering principle)

양의 정수 전체의 집합 N의 부분집합 $S(\neq \varnothing)$는 최소원(가장 작은 정수)을 포함한다. 즉, $\varnothing \neq S \subseteq N$일 때, 모든 $b \in S$에 대하여 $a \leq b$가 되는 원소 a를 S가 포함한다.

정수의 정렬성을 이용하면 수학적 귀납법의 원리를 유도할 수 있다.

| 정리 5.2 | 수학적 귀납법의 원리

양의 정수들의 집합 S가 다음 두 성질을 갖는다고 하자.

(1) $1 \in S$

(2) $k \in S$이면 $k+1 \in S$

그러면 S는 모든 양의 정수들의 집합 N과 같은 집합이다.

증명 우선 $T = \{n \in N \mid n \notin S\}$라 하고 $T \neq \varnothing$이라고 가정하자. 정렬성의 원리에 의하여 T는 최소원을 갖는다. 이 정수를 a라고 나타내자. 한편, $1 \in S$이므로 $a > 1$이어야 한다. 그러므로 $0 < a-1 < a$가 성립한다. a는 T의 최소원이므로 $a-1$은 T의 원소가 아니다. 그러면 $a-1$은 S에 속한다. 가정(2)에 의하여 $(a-1)+1 = a$는 S의 원소가 되어야 한다. 이것은 a가 T의 원소라는 사실에 모순이다. 결국, T는 공집합이어야 하고, S는 N과 같은 집합이 되어야 한다. ■

이 수학적 귀납법의 원리와 동치가 되는 변형이 있다.

| 정리 5.3 | 제2수학적 귀납법의 원리

양의 정수들의 집합 S가 다음 두 성질을 갖는다고 하자.

(1) $1 \in S$

(2) $1, 2, \cdots, k$가 S의 원소이면 $k+1$도 S의 원소이다.

그러면 S는 모든 양의 정수들의 집합이다.

예제 5.1 수열 $1,\ 3,\ 4,\ 7,\ 11,\ 18,\ 29,\ 47, 76,\ \cdots$을 'Lucas 수열'이라고 한다. 이 수열 $\{a_n\}$의 제3항부터는 바로 앞의 두 수의 합으로 정의된다. 이때 부등식 $a_n < \left(\frac{7}{4}\right)^n$ 이 성립함을 보여라.

풀이 먼저 $n=1$이면 $a_1 = 1 < \left(\frac{7}{4}\right)^1$이고, $n=2$이면 $a_2 = 3 < \left(\frac{7}{4}\right)^2 = 3\frac{1}{16}$이므로 주어진 부등식은 성립한다. 이제 제2수학적 귀납법을 이용하기 위하여 $n=1,\ 2,\ \cdots,\ k-1$일 때 부등식이 성립한다고 가정하고 $n=k \geq 3$인 경우를 조사해 보자. 그러면 두 부등식

$$a_{k-1} < \left(\frac{7}{4}\right)^{k-1}, \quad a_{k-2} < \left(\frac{7}{4}\right)^{k-2}$$

가 성립한다. 또 Lucas 수열의 원칙에 따라서 다음을 얻는다.

$$\begin{aligned} a_k &= a_{k-1} + a_{k-2} \\ &< \left(\frac{7}{4}\right)^{k-1} + \left(\frac{7}{4}\right)^{k-2} = \left(\frac{7}{4}\right)^{k-2}\left(\frac{7}{4}+1\right) = \left(\frac{7}{4}\right)^{k-2}\left(\frac{11}{4}\right) \\ &< \left(\frac{7}{4}\right)^{k-2}\left(\frac{7}{4}\right)^2 = \left(\frac{7}{4}\right)^k \end{aligned}$$

따라서 $n=k$일 때도 부등식은 성립한다. 결국, 주어진 부등식은 모든 양의 정수 n에 대하여 성립한다. ■

5.2 나눗셈 정리

나눗셈의 성질을 유도하기 위하여 다음 정리로 시작하자.

| 정리 5.4 | 나눗셈 정리

정수 a와 양의 정수 b가 주어졌을 때,

$$a = bq + r, \ \ 0 \leq r < b$$

인 두 정수 $q,\ r$이 유일하게 존재한다. 이때 q를 **몫**, r을 **나머지**라고 부른다.

증명 (1) q와 r의 존재성 : 우선

$$S = \{a - xb \mid x\text{는 정수},\ a - xb \geq 0\}$$

가 공집합이 아니다. 왜냐하면, $b \geq 1$이므로 $|a|b \geq |a|$이고 또

$$a - (-|a|)b = a + |a|b \geq a + |a| \geq 0$$

이다. 따라서 $x = -|a|$로 잡으면 $a - xb$는 S의 한 원소가 된다. 이제 정리 5.1의 정렬성에 의하여 S는 최소원 r을 가진다. S의 정의에 의하여 $r = a - qb$가 되는 q가 존재하고 $r \geq 0$이다.

(2) r의 조건 : 만일 $r \geq b$라면

$$a - (q+1)b = (a - qb) - b = r - b \geq 0$$

이 된다. 따라서 $a - (q+1)b$는 S의 원소가 되며

$$a - (q+1)b = r - b < r$$

이 되어, r이 S의 최소원으로 택한 사실에 모순이 된다. 결국 $r < b$이다.

(3) q와 r의 유일성 : 만일 a가 다음과 같이 두 가지로 표현된다고 하자.

$$a = qb + r = q'b + r' \quad (0 \leq r < b,\quad 0 \leq r' < b)$$

그러면 $r' - r = b(q - q')$이 되고, 양변에 절댓값을 취하면 $|r' - r| = b|q - q'|$이 된다. 두 부등식 $-b < -r \leq 0$, $0 \leq r' < b$로부터 $-b < r' - r < b$를 얻고, $|r' - r| < b$를 알 수 있다. 따라서 $b|q - q'| < b$이어야 하며 그 결과 다음을 얻는다.

$$0 \leq |q - q'| < 1$$

그런데 $|q - q'|$은 정수이므로 이것은 0이 되어야 한다. 따라서 $q = q'$를 얻는다. 이것을 적용하면 $r = r'$이 나온다. ■

| 따름정리 5.5 | a와 b가 정수이고 $b \neq 0$이라 하자. 그러면

$$a = bq + r \quad (0 \leq r < |b|)$$

인 두 정수 q와 r이 존재한다.

정의 5.6

정수 $a(\neq 0)$, b에 대하여, $b=ac$가 되는 정수 c가 있을 때 b는 a로 **나누어진다**라 정의하고 $a|b$로 나타낸다. 이때 a는 b의 **약수**, b는 a의 **배수**라 한다.

| 정리 5.7 | a, b, c를 정수들이라고 하자. 그러면 다음이 성립한다.

(1) $a|1$일 필요충분조건은 $a=\pm 1$이다.

(2) $a|b$이고 $b|a$일 필요충분조건은 $a=\pm b$이다.

(3) $a|b$이고 $b\neq 0$이면, $|a|\leq |b|$이다.

(4) $a|b$이고 $a|c$이면, 임의의 x, y에 대하여 $a|(bx+cy)$이다.

정의 5.8

a, b는 정수로서 적어도 하나는 0이 아니라고 하자. 양의 정수 d가 다음 두 조건을 만족한다고 하자.

(1) $d|a$이고 $d|b$이다.

(2) $c|a$이고 $c|b$이면, $c\leq d$이다.

이 d를 a와 b의 **최대공약수**(greatest common divisor)라 하고, $\gcd(a, b)$로 나타낸다.

예를 들어, $\gcd(-12, 30)=6 =(-12)\cdot 2+30\cdot 1$ 또는

$\gcd(-8, -36)=4=(-8)\cdot 4+(-36)\cdot(-1)$이다.

| 정리 5.9 | 모든 0이 아닌 두 정수 a, b에 대하여

$$\gcd(a, b)=ax+by$$

가 되게 하는 정수 x, y가 존재한다.

증명 (1) x, y의 존재성 : 먼저 다음 집합 S를 생각하자.

$$S=\{au+bv \mid au+bv>0 \ (u, v\text{는 정수들})\}$$

그러면 S는 공집합이 아니다. 왜냐하면, 만일 $a\neq 0$이면 $|a|=au+b\cdot 0$이 S에 있도록 u를 1 또는 -1로 택할 수 있기 때문이다. 따라서 정렬성에 의하여 S는 최소원 d를 갖는다. 집합 S의 정의에 의하여 $d=ax+by$가 되는 x, y가 존재한다.

(2) a와 b의 공약수 d : 나눗셈 정리 5.4에 의하면 $a=dq+r$이고 $0 \le r < d$인 정수 q와 r이 존재한다. 이것을

$$r = a - dq = a - (ax+by)q = a(1-qx) + b(-qy)$$

로 나타낼 수 있다. 만일 $r>0$이면 r은 S의 원소가 된다. 한편 $r<d$이므로 d가 S의 최소원이라는 선택에 모순이 된다. 따라서 $r=0$이고 $a=dq$가 되어 $d|a$를 알 수 있다. 같은 방법으로 $d|b$를 알 수 있다. 곧 d는 a와 b의 공약수이다.

(3) 최대공약수 d : 만일 양수 c가 a와 b의 공약수라고 하면, 정리 5.7의 (4)에 의하여 $c|(ax+by)$를 얻는다. 따라서 $c|d$이다. 같은 정리의 (3)에 의하여 $c=|c| \le |d| = d$이므로 d는 a와 b의 모든 양의 공약수보다 크다. 따라서 d는 최대공약수이다. ■

정의 5.10

0이 아닌 두 정수 a, b가 $\gcd(a, b)=1$일 때, a와 b는 **서로소**라고 정의한다.

| 정리 5.11 | 두 정수 a, b가 서로소가 될 필요충분조건은 $ax+by=1$을 만족시키는 정수 x, y가 존재한다는 것이다.

| 따름정리 5.12 | $a|c$이고 $b|c$이면서 $\gcd(a, b)=1$이면 $ab|c$이다.

증명 $a|c$와 $b|c$에서 $c=ar=bs$가 되는 정수 r과 s가 존재한다. 또한 $\gcd(a, b)=1$로부터 $ax+by=1$이 되는 정수 x, y가 존재한다. 이 식의 양변에 c를 곱하면

$$c = 1 \cdot c = (ax+by) \cdot c = acx + bcy$$

이다. 우변의 c에 bs와 ar을 순서대로 대입하면

$$c = absx + bary = ab(sx+ry)$$

이다. 따라서 $ab|c$이다. ■

| 정리 5.13 | 유클리드 정리

$a|bc$이고 $\gcd(a,\ b)=1$이면 $a|c$이다.

증명 $\gcd(a,\ b)=1$에서 $ax+by=1$이 되는 정수 x, y가 존재한다. 양변에 c를 곱하면

$$c=1\cdot c=(ax+by)\cdot c=acx+bcy$$

가 된다. 한편 $a|ac$이고 $a|bc$이므로 $a|(acx+bcy)$를 얻는다. 즉 $a|c$이다. ■

예를 들면, $12|9\cdot 8$이지만 $12 \nmid 9$이고 $12 \nmid 8$이다. 이것은 12와 9가 서로소가 아니기 때문이다.

이제 a와 b의 최대공약수를 구하는 유클리드 호제법을 알아보자.

| 보조정리 5.14 | 정수 a, b, q, c에 대하여 $a=bq+c$이면 $\gcd(a,\ b)=\gcd(b,\ c)$이다.

증명 이제 $d=\gcd(a,\ b)$, $e=\gcd(b,\ c)$라고 하자. 이때 $a=bq+c$, $e|b$, $e|c$이므로 $e|a$, $e|b$이고 결국 $e \le d$이다. 마찬가지로 $c=a-bq$, $d|a$, $d|b$이므로 $d|b$, $d|c$이고 결국 $d \le e$이다. 그러므로 $d=e$이다. ■

| 정리 5.15 | 유클리드 호제법

두 양의 정수 a, b에 대하여 다음이 성립한다고 가정하자.

$$\begin{aligned}
a &= q_1 b + r_1 \quad (0 < r_1 < b) \\
b &= q_2 r_1 + r_2 \quad (0 < r_2 < r_1) \\
r_1 &= q_3 r_2 + r_3 \quad (0 < r_3 < r_2) \\
&\cdots \\
&\cdots \\
r_{n-2} &= q_n r_{n-1} + r_n \, (0 < r_n < r_{n-1}) \\
r_{n-1} &= q_{n+1} r_n + 0
\end{aligned}$$

그러면 $\gcd(a,\ b)=r_n$이다.

증명 보조정리 5.14에 의하면 다음과 같다.

$$\gcd(a,\ b)=\gcd(b,\ r_1)=\cdots=\gcd(r_{n-1},\ r_n)=\gcd(r_n,\ 0)=r_n$$ ■

예제 5.2 $\gcd(12378,\ 3054)$를 구하여라. 또 그것을 주어진 두 수를 이용하여 나타내어라.

풀이

$$\begin{aligned} 12378 &= 4\cdot 3054 + 162 \\ 3054 &= 18\cdot 162 + 138 \\ 162 &= 1\cdot 138 + 24 \\ 138 &= 5\cdot 24 + 18 \\ 24 &= 1\cdot 18 + 6 \\ 18 &= 3\cdot 6 \end{aligned}$$

이다. 그러므로 $\gcd(12378,\ 3054) = 6$을 얻는다. 이제 6을 두 수로 나타내어 보자.

$$\begin{aligned} 6 &= 24 - 1\cdot 18 \\ &= 24 - 1\cdot(138 - 5\cdot 24) \\ &= 6\cdot(162 - 1\cdot 138) - 138 \\ &= 6\cdot 162 - 7\cdot 138 \\ &= 6\cdot 162 - 7\cdot(3054 - 18\cdot 162) \\ &= 132\cdot 162 - 7\cdot 3054 \\ &= 132(12378 - 4\cdot 3054) - 7\cdot(3054) \\ &= 132\cdot 12378 + (-535)\cdot 3054 \end{aligned}$$

따라서 $6 = 12378x + 3054y$라고 할 때, $x = 132$, $y = -535$를 얻는다. ■

정의 5.16

두 정수 a, b에 대하여 $a|m$, $b|m$인 정수 m을 a와 b의 공배수라 하고, 공배수 중에서 $a|c$이고 $b|c$인 모든 양수 c에 대하여 $m \le c$인 공배수 m을 **최소공배수**(least common multiple)라고 한다. 최소공배수를 $\mathrm{lcm}(a,\ b)$로 나타낸다.

두 양의 정수 a, b에 대하여

$$\gcd(a,\ b)\cdot \mathrm{lcm}(a,\ b) = ab$$

가 성립한다.

연습문제

1 수학적 귀납법으로 다음을 증명하여라.

(1) $1+3+5+\cdots+(2n-1)=n^2 \ (n \geq 1)$

(2) $1^3+2^3+3^3+\cdots+n^3=\left(\dfrac{n(n+1)}{2}\right)^2 \ (n \geq 1)$

(3) $a^n-1=(a-1)(a^{n-1}+\cdots\ +1) \ (n \geq 1)$

〈힌트〉 $a^{n+1}-1=(a+1)(a^n-1)-a(a^{n-1}-1)$과 제2원리 이용

2 4 이상의 정수 n에 대하여 $n! > n^2$이고, 6 이상의 정수 n에 대하여 $n! > n^3$임을 보여라.

3 이항정리에 의하면 $(a+b)^n=\sum_{r=0}^{n} {}_nC_r a^{n-r}b^r$인데, 여기서 ${}_nC_r=\dfrac{n!}{r!(n-r)!}$을 이항계수라 한다. 이때 ${}_nC_r+{}_nC_{r-1}={}_{n+1}C_r(1 \leq r \leq n)$임을 증명하여라.

〈힌트〉 항등식 $\dfrac{1}{r}+\dfrac{1}{n-r+1}=\dfrac{n+1}{r(n-r+1)}$의 양변에 $\dfrac{n!}{(r-1)!(n-r)!}$을 곱한다.

4 다음과 같이 1부터 연속적으로 수들을 합한 수를 삼각수라고 정의한다.

$$1,\ 1+2=3, 1+2+3=6,\ 1+2+3+4=10$$

이 삼각수에 대하여 다음을 증명하여라.

(1) t가 삼각수일 필요충분조건은 t가 $\dfrac{n(n+1)}{2}$ 형태의 수인 것이다.

(2) t가 삼각수일 필요충분조건은 $8t+1$이 어떤 수의 완전제곱이 되는 것이다.

(3) 연속인 두 삼각수의 합은 어떤 수의 완전제곱이 된다.

(4) t가 삼각수이면 $9t+1$, $25t+3$, $49t+6$도 삼각수이다.

5 t_r을 r번째 삼각수라고 할 때, $t_r={}_{r+1}C_2$임을 보여라.

6 t_r을 r번째 삼각수라고 할 때, 다음을 보여라.

$$t_1+t_2+\cdots+t_r=\frac{r(r+1)(r+2)}{6}$$

〈힌트〉 $t_{r-1}+t_r=r^2$을 이용한다.

7 유클리드 호제법을 사용하여 다음을 구하여라.

(1) $\gcd(306,\ 657)$

(2) $\gcd(272,\ 1479)$

8 다음 등식을 만족시키는 x, y를 구하여라.

(1) $\gcd(24, 138) = 24x + 138y$

(2) $\gcd(119,\ 272) = 119x + 272y$

9 나눗셈 정리를 사용하여 다음을 보여라.

(1) 모든 홀수는 $4k+1$ 또는 $4k+3$의 형태로 나타난다.

(2) 임의의 정수를 제곱하면 $3k$ 또는 $3k+1$의 형태로 나타난다.

(3) 임의의 정수를 세제곱하면 $9k$, $9k+1$ 또는 $9k+8$의 형태로 나타난다.

(4) 한 정수가 어떤 수의 제곱의 형태이면서, 또 다른 정수의 세제곱 형태로 쓸 수 있다면, 그것은 $7k$ 또는 $7k+1$의 형태로 나타난다.

(5) $6k+5$ 형태의 정수는 $3k+2$ 형태로 쓸 수 있으나, 그 역은 성립하지 않음을 보여라.

10 임의의 정수 a에 대하여 $2|a(a+1)$, $3|a(a+1)(a+2)$임을 보여라.

11 다음을 증명하여라.

(1) 두 홀수를 제곱하여 더한 수는 완전제곱수가 될 수 없다.

(2) 연속인 4개의 정수를 곱하면 완전제곱수보다 1이 작다.

(3) 연속인 4개의 정수를 곱하면 24로 나누어진다.

(4) 연속인 5개의 정수를 곱하면 120으로 나누어진다.

(5) 임의의 정수 a에 대하여 $360|a^2(a^2-1)(a^2-4)$이다.

12 $\gcd(198,\ 288,\ 512) = 198x + 288y + 512z$일 때, x, y, z를 구하여라.

〈힌트〉 $d = \gcd(198,\ 288)$로 두고

$$\gcd(198,\ 288,\ 512) = \gcd(d,\ 512) = du + 512v$$

를 이용하여 u, v를 먼저 구한다.

피타고라스와 유클리드

수론의 기원에 대하여 몇 가지를 언급한다. 수론은 수학의 여러 분야 중에서 가장 오래된 분야라고 말할 수 있다. 그리스시대에 자연수의 성질에 관한 핵심정보가 바벨로니아인들과 이집트인들로부터 전해졌다고 알려져 있다. 일반적으로 실제적 이론의 기본원리는 피타고라스와 그의 제자들로부터 정립되기 시작하였다고 보고 있다. 피타고라스는 기원전 580년경에 사모스 섬의 에이지언에서 태어났다고 한다. 그는 이집트에서 공부를 했고, 멀리 바벨로니아까지 여행을 하였다. 피타고라스가 수년의 방랑생활 후에 다시 나타났을 때, 그는 학교를 세울 곳을 찾았다. 그리하여 이태리 반도의 발굽에 있는 그리스의 번성한 도시 크로톤에 정착하여 학교를 세웠다. 이 학교는 수론적인 산술, 음악을 뜻하는 하모니, 도형에 관한 기하학, 별자리를 연구하는 천문학 등 4가지 연구주제를 가르쳤다. 지식의 이 네 분야가 중세까지 4과목으로 알려져 왔다. 중세에는 여기에 3과목을 더하였는데 논리학, 문법, 수사학 또는 웅변술이다. 이 7과목은 교육을 받아서 교양을 갖춘 사람이 되기 위한 필수 이수과목으로 정해져 왔다. 피타고라스는 그의 강의를 듣는 사람들을 견습생들과 피타고라스학파라는 연구원들의 두 부류로 나누었다. 견습생 부류에서 3년을 배운 후에 두 번째 부류인 학파연구원에 가입될 수 있는데, 연구원 부류에 속한 사람들에게만 그 학교가 발견한 중심내용들을 가르쳤다. 피타고라스학파들은 모든 세속적인 물품들을 공동소유했으며, 설립자의 비밀을 접하게 결속되어 있었다. 한 전설에 의하면, 그들은 피타고라스가 가르친 정다각형에 12면체를 발견하였다고 공적으로 자랑한 한 연구원을 신의 심판이라는 이름으로 난파선에 태워서 바다에 빠뜨려 죽였다고 한다. 한때는 피타고라스 추종자들이 크로톤에 있는 지방행정부를 차지했었는데 B.C. 501년에 일어난 민중폭동으로 많은 유명한 연구원들이 처형되고, 피타고라스도 그 얼마 후에 처형되었다. 피타고라스 추종자들의 정치적 세력은 약화되었지만, 그들은 철학적, 수학적 단체로서 적어도 200년 이상 존속되었다. 이때 그들은 출판금지와 모든 발견은 피타고라스의 업적으로 돌릴 것이라는 비밀지령을 남겼다.

피타고라스학파는 우주에 대한 설명의 요점은 수와 형태에 있다고 믿었는데, 그들의 일반적인 주장은 '만물은 수이다' 였다. 이때 수는 물론 정수를 의미한다. 그들은 자연에 대하여 이성적으로 이해하기 위해서는, 어떤 수들의 성질을 분석하면 충분하다고 생각하였다.

피타고라스학파의 주장은 우주철학과 수적 신비주의의 기묘한 합성으로 물질적이거나 정신적인 모든 것에 구체적인 정수를 대응시키는 일종의 초월적 수론이다. 그들의 주장에 따르면, 1은 이성을 나타내는데, 왜냐하면 이성은 진리에 대한 단 하나의 불변의 실체를 나오게 할 수 있기 때문이다. 2는 남자를, 3은 여자를 뜻하였고, 4는 같은 수의 제곱이 되는 최초의 수로 정의를 상징하였다. 5는 남자와 여자의 합이므로 결혼을 뜻하였다. 비록 사물에 대한 모델로서 숫자에 대한 이러한 고찰들이 오늘날에는 가벼운 것으로 보이지만, 마음에 새겨 두어야 할 것은 이것이다. 고대 그리스시대의 지성인들이 주로 철학에 몰두하고, 이러한 지적 관심을 가졌기 때문에, 사고의 체계로서 수학에 대한 기초를 낳는데 기여했던 사람들이라는 것이다.

신비철학에서 분리된 수학이 최초로 발달하기 시작한 것은 알렉산드리아에서였다. A.D. 641년에 아랍인들에게 파괴되기까지 거의 1천년동안 알렉산드리아는 헬레니즘 세계의 문화와 상업의 중심지로서 서 있었다.

소위 알렉산드리아 박물관은 현대 대학의 선구자로서, 그 당시의 지도급 시인과 학자들을 배출하였다. 그 박물관 가까운 곳에 거대한 도서관이 설립되었는데, 한창 때는 손으로 쓴 책들 70만 권을 소장했다고 알려져 있다. 그 박물관과 연관된 모든 저명한 이름들에서 수학학교의 설립자인 유클리드의 이름은 아주 특정한 부류에 있다. 후세 사람들은 그를 ≪원본(Elements)≫의 저자로 알고 있다. 이 ≪원본≫은 우리에게 고스란히 전수된 수학에 관한 가장 오래된 그리스의 학술논문이며 그 시대에 이용한 많은 수학적 지식의 편집물로서 13권의 책으로 되어 있다. 유클리드의 이름은 자주 기하학과 연관되어, ≪원본≫의 3부분, 즉 7, 8, 9권이 수론에 관한 것이라는 것을 잊어버리게 되는 경향이 있다.

이 책의 중요한 명제들을 요약하면 (1) 소인수분해와 그 유일성 (2) 최대공약수를 구하는 방법 (3) 소수의 개수는 무한하다는 정리와 귀류법에 의한 간결한 증명 (4) 완전수의 연구 시작 등이다.

유클리드 원본은 세계문화사의 위대한 성공담 중 하나이다. 성경을 제외한 어떤 다른 책도 ≪원본≫보다 널리 배포되거나 연구된 책은 없다. 1482년에 최초의 인쇄판이 나온 이후 ≪원본≫은 대략 천 판 이상이 발행되었으며, 이 사본 이전에는 복사판들이 서부 유럽에서 수학에 관한 많은 가르침을 좌우하였다. 그러나 유클리드시대로부터 내려오는 ≪원본≫의 복사판은 실제로 존재하지 않으며, 현대판들은 A.D. 4세기의 주석가인 알렉산드라의 데온에 의하여 작성된 개정판의 복사물들이다.

6 디오판토스 방정식과 소인수분해

정수는 모든 수학의 주춧돌이다.

—민코프스키(H. Minkowski)

6.1 디오판토스 방정식

디오판토스(Diophantus)는 A.D. 250년경에 알렉산드리아에서 살았다. 그의 신상에 관한 다음과 같은 풍자적인 표현이 남아 있다.

디오판토스는 생애의 $\frac{1}{6}$이 소년시대였고, 그 후 생애의 $\frac{1}{12}$이 지나서 수염이 났고, 그 후 $\frac{1}{7}$이 지나서 결혼을 하였고, 그 후 5년 만에 아들을 낳았는데 아들은 아버지의 나이의 반을 살았으며, 그 후 4년 만에 자신도 죽었다. 만일 디오판토스가 죽은 나이를 x라 하면 다음의 방정식을 얻는다.

$$\frac{1}{6}x+\frac{1}{12}x+\frac{1}{7}x+5+\frac{1}{2}x+4=x$$

x는 84이고 결국 그는 84세를 살았다는 것이다. 이 디오판토스는 ≪**산수론(Arithmetica)**≫이라는 대수학에 관한 최초의 책을 남겼다.

13권의 원본 중에서 6권이 현재까지 전해져 온다. 관례적으로 정수의 범위에서 해를 구하면서, 미지수를 갖는 방정식을 **디오판토스(Diophantine) 방정식**으로 부른다. 가장 기본은 $ax+by=c$인데 여기서 a, b, c는 정수이고 a, b는 0이 아니다. 이 방정식의 해는 한 쌍의 $(x_0,\ y_0)$이다. 물론 이 방정식의 해는 많을 수도 있다. 예를 들어 $3x+6y=18$을 풀어보면

$$3\cdot 4+6\cdot 1=18,\ 3\cdot(-6)+6\cdot 6=18,\ 3\cdot 10+6\cdot(-2)=18$$

등이다. 그러나 $2x+10y=17$은 전혀 근을 갖지 않는다. 이러한 일차 부정방정식을 연구해 본다.

| 정리 6.1 | 두 미지수 x, y에 관한 일차 부정방정식 $ax+by=c$ $(a\neq 0$ 또는 $b\neq 0)$에서 $d=\gcd(a,\ b)$라고 할 때, 이 방정식이 정수해를 가지기 위한 필요충분조건은 $d|c$이다. 또 $d|c$일 때, $x=x_0$, $y=y_0$를 이 방정식의 특수해라고 한다면 이 방정식의 정수해 전체는 다음과 같다.

$$x=x_0+\frac{b}{d}k,\ y=y_0-\frac{a}{d}k \quad (k\text{는 정수})$$

증명 주어진 방정식이 한 정수해 $(x_0,\ y_0)$를 갖는다면, $ax_0+by_0=c$이다. 그런데 $d|a$

이고 또 $d|b$이므로 $d|c$이다(정리 5.7(4)).

역으로 $d|c$라고 가정하자. 그러면 $c=dt$가 되는 정수 t가 존재한다. 또 정리 5.9에 의하여 $d=ax_0+by_0$가 되게 하는 $x_0,\ y_0$가 존재한다. 이 식의 양변에 t를 곱하면

$$c=dt=(ax_0+by_0)t=a(tx_0)+b(ty_0)$$

이므로 주어진 방정식은 정수해 $(tx_0,\ ty_0)$를 갖는다. 한편 $x=x_0,\ y=y_0$를 주어진 방정식의 특수해라고 하면

$$ax+by=c=ax_0+by_0$$

이므로

$$\frac{a}{d}x+\frac{b}{d}y=\frac{a}{d}x_0+\frac{b}{d}y_0,\ \text{즉}\ \frac{a}{d}(x-x_0)=\frac{b}{d}(y_0-y)$$

이고 $\gcd(\frac{a}{d},\ \frac{b}{d})=1$이므로 $\frac{b}{d}|(x-x_0)$이다(정리 5.13). 따라서 적당한 정수 k에 대하여 다음이 성립한다.

$$x-x_0=\frac{b}{d}k,\ y-y_0=-\frac{a}{d}k,\ \text{즉}\ x=x_0+\frac{b}{d}k,\ y=y_0-\frac{a}{d}k$$

그리고 모든 정수 k에 대하여 이와 같이 정의된 정수 $x,\ y$는 주어진 방정식 $ax+by=c$를 만족시킨다. ■

예제 6.1 디오판토스의 일차방정식 $172x+20y=1000$의 정수해를 구하여라.

풀이 유클리드 호제법으로 $\gcd(172,\ 20)$을 구하자.

$$172=8\cdot 20+12$$
$$20=1\cdot 12+8$$
$$12=1\cdot 8+4$$
$$8=2\cdot 4+0$$

따라서 $\gcd(172,\ 20)=4$이다. $4\mid 1000$이므로 정수해가 있다. 4를 172와 20을 이용하여 나타내면

$$4 = 12 - 8 = 12 - (20 - 1\cdot 12) = 2\cdot 12 - 20 = 2(172 - 8\cdot 20) - 20$$
$$= 2\cdot 172 + (-217)\cdot 20$$

곧, $4 = 2\cdot 172 + (-217)\cdot 20$이다. 양변에 250을 곱하여 1000을 만들면,

$$1000 = 250\cdot 4 = 250\{2\cdot 172 + (-217)\cdot 20\} = 500\cdot 172 + (-24250)\cdot 20$$

따라서 $x = 500$, $y = -4250$이 하나의 특수해이며, 일반해는

$$x = 500 + \frac{20}{4}t = 500 + 5t,\ \ y = -4250 - \frac{172}{4}t = -4250 - 43t\ \ (t\text{는 정수})$$

이다. 만일 위의 예에서 양의 정수해를 구하라고 한다면,

$$5t + 500 > 0,\ \ 43t - 4250 > 0$$

에서

$$-100 < t < -98\frac{36}{43}$$

을 얻는다.
그래서 $t = -99$이고 이때 $x = 5$, $y = 7$을 얻는다. ■

예제 6.2 한 주부가 사과와 귤을 12개 사고 1320원을 지불하였다. 사과가 귤보다 30원 더 비싸고, 귤보다 사과를 더 많이 샀다고 한다. 각각 몇 개씩을 샀는지 구하여라.

풀이 디오판토스 방정식을 세우기 위하여, x는 사과의 개수, y는 귤의 개수라 하자. 또 z를 귤 한 개의 값이라 하면,

$$(z + 30)x + zy = 1320$$
$$x + y = 12$$

를 얻는다. 첫 식에서 $30x + (x+y)z = 1320$을 얻고 두 번째 식을 여기에 대입하여

$$30x + 12z = 1320,\ \text{곧}\ 10x + 4z = 440$$

을 얻는다. 한편 $\gcd(10, 4) = 2$이고 $2 \mid 440$이므로 정수해가 있다.
$2 = 10 + 4\cdot(-2)$이므로 양변에 220을 곱하면

$$10\cdot 220+4\cdot(-2\times 220)=440$$

을 얻는다. 그래서 $x_0=220$, $z_0=-440$이라는 특수해를 구한다. 일반해는

$$x=220+2t,\ z=-440-5t\ (t\text{는 정수})$$

이다. 그런데 귤보다 사과를 더 많이 샀기 때문에 $6<x\le 12$를 만족한다. 따라서 정수 t는 다음 조건을 만족하여야 한다.

$$6<220+2t\le 12$$

따라서 $-107<t\le -104$에서 $t=-104$, -105 또는 -106이다. 이때 $x=8$, $y=4$, $z=90$ 또는 $x=10$, $y=2$, $z=85$ 또는 $x=12$, $y=0, z=80$이다. 즉 사과 1개당 120원에 8개, 귤 1개당 90원에 4개, 또는 사과 1개당 115원에 10개, 귤 1개당 85원에 2개, 또는 사과 1개당 110원에 12개를 사면 된다. ■

일반적으로 a_1, a_2, $\cdots$, a_n, c가 정수일 때 미지수가 n개인 일차부정방정식

$$a_1x_1+a_2x_2+\cdots+a_nx_n=c$$

가 정수해를 가질 필요충분조건은

$$\gcd(a_1,\ a_2,\ \cdots,\ a_n)|c$$

이다.

예제 6.3 **일차부정방정식 $2x+3y+4z=5$의 정수해를 구하여라.**

풀이 먼저 $\gcd(2,\ 3,\ 4)=1$이고 $1|5$이므로 이 식은 정수해를 갖는다. 한편, $2x+3y=u$라 두고 $u+4z=5$를 푼다. 그러면 $u_0=1$, $z_0=1$은 특수해이다. 일반해는 $u=1+4s$, $z=1-1s$ (s는 정수)를 얻는다. 이제 $2x+3y=1+4s$라 두고 x, y를 구한다. $2\cdot(-1)+3\cdot(1)=1$의 양변에 $(1+4s)$를 곱하면, 특수해 $x_0=-1-4s$, $y_0=1+4s$를 얻는다. 따라서 일반해는

$$x=-1-4s+3t,\ y=1+4s-2t\ (t\text{는 정수})$$

를 얻는다. 그러므로

$$x = -1 - 4s + 3t$$
$$y = 1 + 4s - 2t \qquad (s,\ t \in Z)$$
$$z = 1 - s$$

이다. ■

6.2 소인수분해

정의 6.2

1보다 큰 정수 p가 양의 약수로서 1과 p만을 갖는다면 이 p를 **소수(prime number)** 라고 정의한다. 소수가 아니면 **합성수**라고 정의하며 1은 소수도 합성수도 아니다.

| 정리 6.3 | 유클리드 정리

소수 p가 ab를 나누면 $p|a$ 또는 $p|b$이다.

증명 $p|ab$이고 $p \nmid a$라고 가정하자. p의 약수는 1과 p 뿐이므로 $\gcd(p,\ a) = 1$이다. 그러므로 $ps + at = 1$이 되게 하는 $s,\ t$가 존재한다. 양변에 b를 곱하면 $bps + abt = b$, $p|abt$, $p|bps$이므로 $p|b$이다. ■

예를 들면, 소수 3은 36을 나눈다. 이때 36을 두 수의 곱으로 나타내면

$$36 = 6 \cdot 6 = 9 \cdot 4 = 12 \cdot 3 = 18 \cdot 2$$

이다. 이때 각 곱들에서 적어도 하나는 3으로 나누어진다.

| 정리 6.4 | 산술의 기본정리

1보다 큰 양의 정수 n은 소수들의 곱으로 표현할 수 있다. 이 표현은 소수들의 순서를 바꾸는 것 외에는 단 한 가지 방법으로 표현된다.

증명 (1) 소인수분해의 존재성 : n은 소수이거나 합성수이다. 만일 소수라면 증명은 바로 끝이 난다. 만일 n이 합성수이면 $d|n$이면서 $1 < d < n$이 되는 정수 d가 존재한다. 이러한 조건을 갖는 d들 중에서 최소원 p_1을 잡을 수 있다(정렬성 정리 5.1 참조). 그러면 p_1은 소수이다. 만일 p_1이 소수가 아니라면, $q|p_1$이고 $1 < q < p$가 되는 정수 q가 존재한다. 그런데 $q|p_1$이므로 $q|n$이 되고, 이것은 n의 약수 중에서 가장 작은 양수가 p_1이라는 데에 모순이다.

그러므로 $n = p_1 n_1$이 되는 소수 p_1이 존재하고, $1 < n_1 < n$이 된다. 이 n_1이 소수이면 증명이 끝나고, n_1이 합성수이면 위의 논리를 반복하면 소수 p_2가 존재하여 $n_1 = p_2 n_2$이면서 $1 < n_2 < n_1$이 되는 n_2가 존재한다. 즉,

$$n = p_1 p_2 n_2 \ \ (1 < n_2 < n_1)$$

이다. 이제 n_2가 소수이면 증명이 끝나고, 그렇지 않으면 위의 과정을 반복한다. 그런데 $n > n_1 > n_2 > \cdots > 1$에서 n_i는 제$k-1$번째에서 끝나야 한다. 그래서 $n_{k-1} = p_k$라 두면 $n = p_1 p_2 \cdots p_k$가 되어 소인수분해를 얻는다.

(2) 소인수분해의 유일성 : 만일 n에 대하여 두 가지의 소인수분해가 있다고 가정하자. 즉, 소수 p_i들과 q_i들을 사용하여

$$n = p_1 p_2 \cdots p_r = q_1 q_2 \cdots q_s \ \ (r \le s)$$

로 나타낼 수 있다고 가정하자. 일반성을 잃지 않고

$$p_1 \le p_2 \le \cdots \le p_r, \quad q_1 \le q_2 \le \cdots \le q_s$$

로 놓을 수 있다. 한편 $p_1 | q_1 q_2 \cdots q_s$이므로 $p_1 | q_k$가 되는 적당한 k가 존재한다. 그런데 q_k도 소수이므로 결국 $p_1 = q_k$가 된다. 따라서 $p_1 \ge q_1$이다. 이제 p_1 대신에 q_1으로 그 역할을 바꾸면 $p_1 \le q_1$을 얻는다. 결국 $p_1 = q_1$이 되고, 이것을 n의 분해에서 약분하면

$$p_2 p_3 \cdots p_r = q_2 q_3 \cdots q_s$$

가 남는다.
위의 과정을 반복하면 $p_2 = q_2$를 얻고

$$p_3 p_4 \cdots p_r = q_3 q_4 \cdots q_s$$

가 남는다. 이 과정을 계속한다. 만일 $r < s$라고 하면 결국,

$$1 = q_{r+1} q_{r+2} \cdots q_s$$

가 남게 되는데 이것은 각 q_i가 소수이므로 성립될 수 없다. 그러므로 $r = s$이고 각 p_i는 각 q_i와 같고 개수도 같으므로, 소인수분해는 한 가지 뿐이다. ■

이제 같은 소인수들을 지수를 써서 표현하면 임의의 1보다 큰 정수 n은

$$n = p_1^{k_1} p_2^{k_2} \cdots p_r^{k_r}$$

으로 표현가능하다. 이러한 표현을 n의 **표준분해**라 한다. 예를 들면 $360 = 2^3 \cdot 3^2 \cdot 5$이고, $4725 = 3^3 \cdot 5^2 \cdot 7$, $17460 = 2^3 \cdot 3^2 \cdot 5 \cdot 7^2$으로 단 한 가지의 소인수분해를 갖는다는 것을 알 수 있다.

| 정리 6.5 | 유클리드의 정리

소수의 개수는 무한하다.

증명 소수들을 차례로 써서 $p_1 = 2$, $p_2 = 3$, $p_3 = 5$, $\cdots$라 하고, 마지막 소수를 p_n이라고 하자. 이제 양의 정수

$$q = p_1 p_2 \cdots p_n + 1$$

을 생각하자. $q > 1$이므로 산술의 기본정리 6.4에 의하여 한 소수로 나누어져야 한다. 그런데 p_1, p_2, $\cdots$, p_n이 모든 소수들이므로 이들 중 하나인 p_i로 나누어져야 한다. 그런데 $p_i | q$이고 $p_i | p_1 p_2 \cdots p_n$이므로 p_i는 $q - p_1 p_2 \cdots p_n = 1$을 나누어야 한다. 이것은 p_i가 1보다 큰 소수이므로 모순이다. 따라서 마지막 소수는 없다. 즉, 소수의 개수는 무한개이다. ■

연습문제

1 다음 디오판토스 방정식의 모든 정수해를 구하여라.

(1) $24x+138y=18$ (2) $221x+91y=117$

(3) $84x-438y=156$ (4) $123x+360y=99$

(5) $38x+42y=-2$ (6) $15x-35y=100$

2 $15x+12y+30z=24$를 만족시키는 x, y, z의 정수해를 구하여라.

〈힌트〉 $12y+30z=6s$라 두고 $15x+6s=24$부터 구한다.

3 수탉은 한 마리에 5000원, 암탉은 한 마리에 3000원, 병아리는 세 마리에 1000원으로 살 수 있을 때, 이들을 각각 몇 마리씩 사면 10만 원으로 모두 100마리를 살 수 있는지 구하여라.

4 극장의 영화관람을 위하여 어른은 1800원, 아이는 750원일 때, 입장비용으로 9만 원을 받았다. 아이들보다는 어른들이 많았다고 할 때, 아이들과 어른들은 각각 몇 명이 입장하였는지 구하여라.

5 6개 묶음의 귤과 9개 묶음의 귤을 적당히 샀더니 귤이 모두 126개였다. 만일 6개 묶음과 9개 묶음의 개수들을 서로 바꾸어 샀다고 한다면, 전체 귤의 개수는 114개가 된다고 하자. 처음에 각각 몇 묶음씩 샀는지 구하여라.

6 산술의 기본정리를 이용하여 $\sqrt{2}$가 무리수임을 증명하여라.

7 정수 333, 111111, 10140, 36000들의 소인수분해를 구하여라.

8 다음을 증명하여라.

(1) $3n+1$ 형태의 소수는 $6m+1$ 형태가 된다.

(2) $3n+2$ 형태의 모든 정수는 이와 같은 형태의 소수 인수를 갖는다.

(3) n^3-1 형태의 소수는 7뿐이다.

(4) p가 5 이상의 소수이면 p^2+2는 합성수이다.

(5) p가 소수이고 $p|a^n$이면 $p^n|a^n$이다.

(6) n이 4보다 큰 합성수이면 $n|(n-1)!$이다.

9 50!을 나누는 모든 소수들을 찾고, 또 50!을 소인수분해 하여라.

10 다음 물음에 답하여라.

(1) $2^2+1=5$와 같이 2^n+1이 소수가 되는 n이 무한히 많은 지는 미해결 문제이다. 이런 소수들을 4개 더 찾아라.

(2) n^2+1 형태의 소수가 무한히 많은지는 미해결 문제이다. 예를 들어 $257=16^2+1$과 같은 소수를 5개 더 찾아라.

(3) 2^2-1과 같이 2^n-1 형태의 소수가 무한히 많은지는 미해결 문제이다. 이런 소수를 4개 더 찾아라.

(4) 모든 짝수를 두 개의 연속인 소수들의 차로서 쓸 수 있는 방법이 무수히 많은지는 미해결 문제이다. 예를 들어,

$$6=29-23=137-131=599-593=1019-1013=\cdots$$

정수 10을 두 연속인 소수의 차로서 나타내는 10가지 방법을 찾아라.

11 **(디리클레 정리)**

"만일 a와 b가 서로소인 양의 정수라면, 수열

$$a,\ a+b,\ a+2b,\ a+3b,\ \cdots$$

은 무한히 많은 소수들을 포함한다. 그런데 오직 소수들만을 만드는 등차수열 $a,\ a+b,\ a+2b,\ a+3b,\ \cdots$은 없다."를 증명하여라.

〈힌트〉 만일 $a+nb$가 소수 p라면 $n+kp+1$번째 항을 이 소수의 배수로 표현하여라.

12 "정수 n에 대하여 소수값 만을 취하는 정수계수를 갖는 상수가 아닌 다항식 $f(n)$은 없다."를 증명하여라.

〈힌트〉 정수계수를 갖는 다항식

$$f(n)=a_kn^k+a_{k-1}n^{k-1}+\cdots+a_2n^2+a_1n+a_0$$

를 생각하여 $f(n_0)$가 소수 p라면 $f(n_0+tp)$를 $f(n_0)+pQ(t)$ 형태로 표현하여라.

소수의 분포

무한개의 소수들이 있지만, 양의 정수들 속에서 그들의 분포는 아주 신비하다. 소수들의 분포에서 어떤 힌트나 모형의 그림자를 계속 찾고 있지만, 자세히 묘사할 수 있는 실제적 모형은 나타나지 않는다. 연속적인 소수 사이의 차이는 (11, 13)과 (17, 19) 또는 (1,000,000,000,061, 1,000,000,000,063)과 같이 작을 수가 있다. 동시에 정수들 사이에 전혀 소수가 없는 임의로 긴 구간들도 있다.

무한히 많은 쌍둥이 소수들이 있는지도 해답을 모르는 문제이다. 즉, 쌍둥이 소수란 둘 다 소수인 p와 $p+2$라는 연속인 홀수 정수들의 쌍을 말한다. 전자계산기는 30,000,000보다 작은 쌍둥이 소수를 152,892쌍 찾아냈고, 1,012와 1,012+10,000 사이에서 20개의 쌍을 찾았는데, 이것은 양의 정수들의 크기가 증가함에 따라 그들의 개수도 점점 희귀해진다는 것을 암시해 준다. 2003년 12월까지 발견된 최대의 쌍둥이 소수는 33,218,925 · 2,169,690 ±1이다. 이것은 51,090자릿수의 수로서 2002년에 발견되었다. 이러한 수치적 증거들을 보면 쌍둥이 소수들이 무한히 존재할 가능성이 높아 보인다.

연속인 소수들은 아주 가까울 수도 있지만, 또한 아주 멀리 떨어지기도 한다. 즉 연속인 소수들 사이가 임의로 큰 틈새로 일어날 수 있다. 상세히 말하면 "임의의 양의 정수 n이 주어질 때, 모두가 합성수인 연속인 n개의 정수들이 있다" 이것을 증명하기 위하여, 우리는 다음 정수들을 생각하면 된다.

$$(n+1)!+2, (n+1)!+3, \cdots, (n+1)!+(n+1)$$

분명히 n개의 정수가 열거되었고, 이들은 연속인 정수들이다. 중요한 것은 이들이 모두 합성수라는 것이다. 왜냐하면 $(n+1)!+2$는 2로 나누어지고, $(n+1)!+3$은 3으로 나누어진다. 이 방법을 계속하면 된다.

예를 들어, 4개의 연속인 합성수의 수열을 찾는다면, 위의 논법은 122, 123, 124, 125를 얻는다. 즉

$$5!+2,\ 5!+3,\ 5!+4,\ 5!+5$$

이다. 물론 다른 4개의 연속인 합성수들도 찾을 수 있다. 24, 25, 26, 27과 32, 33, 34,

35 등이다. 이것은 소수에 관한 또 다른 미해결문제, **골드바흐**(Goldbach) **미해결문제**로 이끌어준다. 오일러에게 보낸 편지(1742)에서 골드바흐는 모든 짝수는 소수나 1인 두 수들의 합이 된다고 넘겨짚어 말했다. 더 일반적인 형식은 "보다 큰 모든 짝수는 두 개의 홀수인 소수들의 합으로 쓸 수 있다"는 것이다. 이것은 처음 몇 개의 짝수들에 대해서는 확인하기 쉽다.

오일러는 그 결과를 증명하려고 시도하지 않았고, 훗날 골드바흐에게 보낸 편지에서 그 자신의 미해결문제와 마주쳤다. 즉, 6 이상의 $4n+2$ 형태의 짝수는 $4m+1$ 형태의 홀수나 1이 되는 두 수의 합이 된다는 것이다.

한편, '등차수열 속에는 무수히 많은 소수가 있는가' 또는 '소수만을 만드는 수식은 있는가' 하는 문제가 오랫동안 연구되어 왔다. 주요한 내용들 중에서 디리클레의 정리가 있다(연습문제 11 참조).

미해결문제의 하나로서 "임의로 유한길이의 등차수열이 소수들만으로 구성된 것이 있는가" 하는 문제가 있다. 예컨데, 세 개의 등차수열 41, 47, 53이나 네 개의 등차수열 251, 257, 263, 269는 모두 소수들이다. 얼마 지나지 않아서, 컴퓨터 추적으로 5개, 6개의 연속인 소수들로 구성된 등차수열들도 나타났는데, 그 항들의 공차는 30이나 되며 이들은 각각 소수 9,843,019와 121,174,811에서 시작된다. 적어도 당분간은 일곱 개의 연속인 소수들로 구성된 등차수열은 찾을 수 없다(미해결문제).

완전하게 하기 위하여, 최고의 결정적인 공격에 저항해온 유명한 문제를 하나 말해두겠다. 수세기 동안, 수학자들은 '모든 소수를 만드는 간단한 공식을 찾을 수 있는가'라는 문제를 연구해 왔다. 만일 이것이 거짓이라면, 오직 소수만을 만들어내는 공식을 찾을 수 있는가? 우선 보기에, 요구하는 바는 아주 간단해 보인다. 곧, 정의구역이 음이 아닌 정수이고, 치역이 모든 소수의 집합의 어떤 무한부분집합이 되는 함수 $f(n)$을 찾는 것이다.

중세에는 이차다항식 $f(n)=n^2+n+41$은 오직 소수값만 취한다고 널리 믿어져왔다. 다음의 증거로서, 그 주장은 $n=0,\ 1,\ 2,\ \cdots,\ 39$까지는 옳은 것으로 나타난다. 그러나 이 문제는 $n=40$과 41에서 산산히 부서진다. $f(40)=40\cdot41+41=41^2$, $f(41)=41\cdot42+41=41\cdot43$의 다음 값 $f(42)=1747$은 다시 소수로 나타난다. $f(n)=n^2+n+41$이 정수값 n에 대하여 무한히 많은 소수값을 갖는지는 즉시 알 수 없다.

최근에는 소수를 만드는 함수를 찾는 문제에서 어느 정도 성공을 보이고 있다. **밀즈**(W. H. Mills)는 1947년에 '$f(n)=[r^{3^n}]$은 모든 자연수 n에 대하여 소수가 되는 양의 실수 r이 존재한다'는 것을 증명하였다(괄호는 최대정수함수를 나타낸다). 말할 것도 없이, 이것은 존재정리일 뿐이지 r의 실수값에 대하여는 아는 바가 없다.

n	$f(n)$	n	$f(n)$	n	$f(n)$
0	41	14	251	28	853
1	43	15	281	29	911
2	47	16	313	30	971
3	53	17	347	31	1,033
4	61	18	383	32	1,097
5	71	19	421	33	1,163
6	83	20	461	34	1,231
7	97	21	503	35	1,301
8	113	22	547	36	1,373
9	131	23	593	37	1,447
10	151	24	641	38	1,523
11	173	25	691	39	1,601
12	197	26	743	40	41^2
13	223	27	797	41	41×43

7 일차합동식과 응용

가우스의 저서 ≪산술연구≫는 수론 연구의 대헌장(MagnaCarta)과 같다.

–칸토어(G, Cantor)

7.1 일차합동식

합동식의 개념은 독일의 수학자 가우스(Karl Friedrich Gauss, 1777~1855)가 그의 저서 ≪산술연구(Disquisitiones Arithmeticae)≫ 중에서 소개한 개념이다.

정의 7.1

n을 양의 정수라 하자. 만일 $a-b$가 n으로 나누어질 때 '**a와 b는 법(modulus) n에 관하여 합동(congruent modulo n)이다**'라 하고

$$a \equiv b \pmod{n}$$

으로 나타낸다. 만일 $n \nmid (a-b)$이면

$$a \not\equiv b \pmod{n}$$

으로 나타내고 '**a와 b는 법 n에 관하여 합동이 아니다**'라고 한다. 그리고 합동기호 $\equiv$가 들어있는 식을 **합동식**이라고 한다.

예를 들어, 다음을 조사해 볼 수 있다.

$$3 \equiv 24 \pmod{7},\quad -15 \equiv -64 \pmod{7},$$
$$256 \not\equiv 12 \pmod{7},\quad 26 \not\equiv -2 \pmod{3}.$$

이 합동 개념은 시계가 법 12 또는 24로 하여 같은 시간을 나타내고, 달력에서 요일이 법 7을 사용하여 같은 요일을 반복하고 있는 것에서 볼 수 있다.

| 정리 7.2 | n이 주어진 양수이고, a, b, c, d가 임의의 정수라고 하면 다음이 성립한다.

(1) $a \equiv a \pmod{n}$

(2) $a \equiv b \pmod{n}$이면 $b \equiv a \pmod{n}$이다.

(3) $a \equiv b \pmod{n}$이고 $b \equiv c \pmod{n}$이면 $a \equiv c \pmod{n}$이다.

(4) $a \equiv b \pmod{n}$이고 $c \equiv d \pmod{n}$이면
$a+c \equiv b+d \pmod{n}$이고 $ac \equiv bd \pmod{n}$이다.

예제 7.1 41은 $2^{20}-1$을 나눈다는 것을 보여라.

풀이 우선 $2^5 = 32 \equiv -9 \pmod{41}$임을 주목한다. 따라서 정리 7.2의 (4)를 이용하면 $(2^5)^4 \equiv (-9)^4 = 81 \cdot 81 \pmod{41}$을 알 수 있다. 그런데 $81 \equiv -1 \pmod{41}$이므로 $81 \cdot 81 \equiv 1 \pmod{41}$을 얻는다. 따라서

$$2^{20} - 1 \equiv 81 \cdot 81 - 1 \equiv 1 - 1 \equiv 0 \pmod{41}$$

임을 알 수 있다. 그러므로 $41 \mid (2^{20} - 1)$이다. ■

예제 7.2 $1! + 2! + \cdots + 99! + 100!$을 12로 나누었을 때 나머지를 구하여라.

풀이 우선 $4! = 24 \equiv 0 \pmod{12}$임을 주목한다. 따라서 4 이상의 모든 k에 대하여

$$k! = 4! \cdot 5 \cdot 6 \cdots k \equiv 0 \cdot 5 \cdot 6 \cdots k \equiv 0 \pmod{12}$$

임을 알 수 있다. 그러므로

$$1! + 2! + 3! + \cdots + 100! \equiv 1! + 2! + 3! + 0 + \cdots + 0 \equiv 9 \pmod{12}$$

를 얻는다. 그래서 주어진 수의 총합을 12로 나누면 9가 남는다. ■

다음과 같은 합동식을 **일차합동식**이라고 한다.

$$ax \equiv b \pmod{m}, \quad a \not\equiv 0 \pmod{m}$$

| 정리 7.3 | $\gcd(a, n) = d$라고 하자. 그러면 일차합동식 $ax \equiv b \pmod{n}$이 해를 가질 필요충분조건은 $d \mid b$이다. 또 $d \mid b$이면 주어진 일차합동식은 법 n으로 d개의 합동이 아닌 해들을 갖는다. 만일 x_0가 이 일차합동식의 해라고 하면 d개의 합동이 아닌 해는 다음과 같다.

$$x \equiv x_0 + \frac{n}{d} r \ (\ r = 0, 1, \cdots, d-1)$$

증명 일차합동식 $ax \equiv b \pmod{n}$이 해 x_0를 갖는다면 $ax_0 \equiv b \pmod{n}$이고 이것은 $ax_0 - b = ny_0$가 되는 정수 y_0가 존재한다는 말이다. 이는 $ax_0 - ny_0 = b$가 되어서 정리 6.1의 부정방정식 $ax - ny = b$와 같은 형태가 된다. 따라서 이것이 해를 가질 필요충분조건은 $\gcd(a, n) = d$가 b를 나누는 것임을 알 수 있다. 그리고 그

해들은 $x \equiv x_0 + \frac{n}{d}k$ (k는 정수)꼴이다. 그런데 k를 d로 표현하면 $k = dq + r$이면서 $0 \leq r \leq d-1$로 둘 수 있다.

$$x = x_0 + \frac{n}{d}(dq + r) \equiv x_0 + \frac{n}{d}r \pmod{n} \quad (0 \leq r \leq d-1)$$

그런데 r의 다른 값에 대한 해들은 법 n으로 서로 합동이 아니다. 왜냐하면

$$\begin{aligned} & x_0 + \frac{n}{d}r_1 \equiv x_0 + \frac{n}{d}r_2 \pmod{n} \\ \Leftrightarrow\ & \frac{n}{d}r_1 \equiv \frac{n}{d}r_2 \pmod{n} \end{aligned}$$

즉,

$$\begin{aligned} n \mid \frac{n}{d}(r_1 - r_2) \quad & \Leftrightarrow \quad d \mid (r_1 - r_2) \\ & \Leftrightarrow \quad r_1 \equiv r_2 \pmod{d} \end{aligned}$$

임을 알 수 있는데 이때 r_1과 r_2는 d보다 작은 정수들이므로 같은 정수들이어야 한다. 결국, 서로 합동이 아닌 해들은 d개뿐이다. ■

예제 7.3 $18x \equiv 30 \pmod{42}$의 해들을 구하여라.

풀이 $\gcd(18, 42) = 6$이고 6은 30을 나누므로 앞의 정리에 의하여 법 42에 관하여 합동이 아닌 6개의 해가 있다. 한편, $42 = 2 \cdot 18 + 6$에서 다음을 얻는다.

$$\begin{aligned} 6 &= 18 \cdot (-2) - 42 \cdot (-1) \\ 30 &= 18 \cdot (-10) - 42 \cdot (-5) \end{aligned}$$

곧, $30 \equiv 18 \cdot (-10) \pmod{42}$에서 하나의 해 $x_0 \equiv -10 \equiv 32 \pmod{42}$를 얻는다. 그리고 다른 해들은

$$x = 32 + \frac{42}{6}r \pmod{42} \quad (r = 0, 1, 2, \cdots, 5)$$

이다. 그러므로 모든 해들은

$$x \equiv 4,\ 11,\ 18,\ 25,\ 32,\ 39 \pmod{42}$$

이다. ■

| 정리 7.4 | 중국인의 나머지정리

양의 정수 n_1, n_2, $\cdots$, n_r $(r \geq 2)$이 어느 둘도 서로소라고 하자. 그러면 연립 일차합동식

$$x \equiv a_1 \pmod{n_1}$$
$$x \equiv a_2 \pmod{n_2}$$
$$\cdots$$
$$x \equiv a_r \pmod{n_r}$$

은 법 $n_1 n_2 \cdots n_r$에 관하여 단 한 개의 해를 갖는다.

증명 우선 $n = n_1 n_2 \cdots n_r$이라 두자. 각 $k = 1,\ 2,\ \cdots,\ r$에 대하여

$$N_k = \frac{n}{n_k} = n_1 \cdots n_{k-1} n_{k+1} \cdots n_r$$

이라 두자. 모든 n_k들이 서로소이므로 $\gcd(N_k, n_k) = 1$이다. 그러므로 $N_k x \equiv 1 \pmod{n_k}$는 유일한 해를 갖는다(정리 7.3). 그것을 x_k라 두자. 이제

$$\bar{x} = a_1 N_1 x_1 + a_2 N_2 x_2 + \cdots + a_r N_r x_r$$

이라고 놓으면, $i \neq k$일 때 $N_i \equiv 0 \pmod{n_k}$이므로

$$\bar{x} = a_1 N_1 x_1 + a_2 N_2 x_2 + \cdots + a_r N_r x_r \equiv a_k N_k x_k \pmod{n_k}$$

가 된다. 그런데 정수 x_k는 $N_k x_k \equiv 1 \pmod{n_k}$이 되는 수이므로

$$\bar{x} \equiv a_k \cdot 1 \equiv a_k \pmod{n_k}$$

가 성립되어 구하는 해는 $\bar{x}$이다. 이 해가 유일한 해임을 보이자. 만일 x'가 또 하나의 해라고 가정하면

$$\bar{x} \equiv a_k \equiv x' \pmod{n_k}\ (k = 1,\ 2,\ \cdots,\ r)$$

이 성립한다. 그러므로 $n_k \mid (\bar{x} - x')$이다. 한편 n_k들은 어느 둘도 서로소이므로, 따름정리 5.12에 의하여 $n_1 n_2 \cdots n_r \mid (\bar{x} - x')$이다. 따라서 $\bar{x} \equiv x' \pmod{n}$이 되어 해는 유일하다. ■

예제 7.4 기원전 1세기의 중국 수학자 순주(Sun–Tsu)가 제시한 다음 문제를 풀어 보아라.

$$\begin{cases} x \equiv 2 \pmod{3} \\ x \equiv 3 \pmod{5} \\ x \equiv 2 \pmod{7} \end{cases}$$

풀이 정리 7.4에 의하여 $n = 3 \times 5 \times 7 = 105$이고

$$N_1 = \frac{n}{3} = 35,\ N_2 = \frac{n}{5} = 21,\ N_3 = \frac{n}{7} = 15$$

이다. 이제 합동식

$$35x \equiv 1 \pmod{3},\ 21x \equiv 1 \pmod{5},\ 15x \equiv 1 \pmod{7}$$

을 풀어서 $x_1 = 2,\ x_2 = 1,\ x_3 = 1$을 얻는다. 따라서 연립 일차합동식의 해는

$$\overline{x} = 2 \cdot 35 \cdot 2 + 3 \cdot 21 \cdot 1 + 2 \cdot 15 \cdot 1 = 233$$

법 105를 사용하면, 유일한 해는 $\overline{x} = 233 \equiv 23 \pmod{105}$이다. ■

예제 7.5 다음 연립 일차합동식의 해를 구하여라.

$$\begin{cases} 8x \equiv 4 \pmod{7} \\ 5x \equiv 3 \pmod{11} \end{cases}$$

풀이 첫째 합동식은 $4x \equiv 2 \pmod{7}$과 동치이다. 그 해를 구하면 $x \equiv 4 \pmod{7}$을 얻는다. 둘째 합동식을 풀면 $x \equiv 5 \pmod{11}$을 얻는다. 따라서 주어진 일차합동식은 다음과 같이 고쳐 쓸 수 있다.

$$\begin{cases} x \equiv 4 \pmod{7} \\ x \equiv 5 \pmod{11} \end{cases}$$

이 연립합동식을 중국인의 나머지정리를 이용하여 풀면 $x \equiv 60 \pmod{77}$을 얻는다. ■

이제 이 합동식을 이용하여 우리의 일상생활에서 사용하는 특별한 번호들에 적용해 보자.

7.2 바코드–상품번호

우리가 사용하고 있는 **바코드**는 미국을 중심으로 한 UPC(Universal Producer Code)이다. 미국, 유럽, 일본 등의 나라와 호환성이 있는 "공통 상품 바코드 심벌"이라고 볼 수 있다.

표준형 바코드

8 801234 567893

국가코드 제조업체코드 상품코드 체크숫자

우리나라는 지난 1988년 국제상품코드 관리기관(EAN)에 회원국으로 가입하여 KAN을 제정하여 사용하기 시작하였다. 우리나라의 국가코드는 880이며, 유통업계에서 사용하는 KAN(Korean Article Number) 바코드는 13자리 수의 표준형과 8자리 수의 단축형이 있으며 그들의 구성은 다음과 같다.

표준형

8 8 0 | 1 2 3 4 | 5 6 7 8 9 | 3

국가코드 제조업체코드 상품품목코드 체크숫자

단축형

8 8 0 | □ □ □ | □ | □

국가코드 제조업체코드 상품코드 체크숫자

그러면 마지막 체크숫자(check digit)는 입력이 제대로 되었는지 확인하는 검사숫자인데 여기에 합동식이 사용된다.

(1) 표준형

바코드번호가 $x_1x_2x_3 \cdots x_{11}x_{12}x_{13}$일 때, 처음 12개의 숫자는 0, 1, 2, …, 9 중의 하나이고 체크숫자 x_{13}은 다음과 같이 정한다.

$$\begin{aligned}&\sum_{i=1}^{7} x_{2i-1} + 3\sum_{i=1}^{6} x_{2i} \\ &= (x_1 + x_3 + x_5 + x_7 + x_9 + x_{11} + x_{13}) + 3(x_2 + x_4 + x_6 + x_8 + x_{10} + x_{12}) \\ &\equiv 0 \pmod{10}, \quad (0 \le x_{13} \le 9)\end{aligned}$$

즉,

$$S \equiv \sum_{i=1}^{7} x_{2i-1} + 3\sum_{i=1}^{6} x_{2i} \pmod{10}$$

이라 할 때, $S + x_{13}$이 10의 배수가 되도록 체크숫자 x_{13}을 정한다.

예제 7.6 바코드번호의 앞 12자리가 880106216023일 때 체크숫자를 구하면

① 앞에서부터 짝수 번째에 있는 수들의 합에 3을 곱한다.
즉, $(8+1+6+1+0+3) \times 3 = 57$을 계산한다.

② 앞에서부터 홀수 번째에 있는 수들을 합한다.
즉, $8+0+0+2+6+2 = 18$을 계산한다.

③ ①의 결과값과 ②의 결과값을 합한다.
즉, $57 + 18 = 75$를 계산한다.

④ ③에서 구한 수의 일의 자리 수에 더해서 10이 되는 수가 체크숫자이다.
즉, 75의 일의 자리 수 5에 더해서 10이 되는 수는 5이므로 5가 체크숫자이다.

따라서 이 코드번호는 8801062160235가 된다.

(2) 단축형

바코드번호가 $x_1x_2x_3 \cdots x_6x_7x_8$일 때, 처음 7개의 숫자는 0, 1, 2, …, 9 중의 하나이고 체크숫자 x_9은 다음과 같이 정한다.

$$3\sum_{i=1}^{4} x_{2i-1} + \sum_{i=1}^{3} x_{2i} = 3(x_1 + x_3 + x_5 + x_7) + (x_2 + x_4 + x_6)$$
$$\equiv 0 (\text{mod } 10), \quad (0 \le x_8 \le 9)$$

즉,

$$S \equiv 3\sum_{i=1}^{4} x_{2i-1} + \sum_{i=1}^{3} x_{2i} \equiv 3(x_1 + x_3 + x_5 + x_7) + (x_2 + x_4 + x_6) \pmod{10}$$

이라 할 때 $S + x_8$이 10의 배수가 되도록 체크숫자 x_8을 정한다.

7.3 국제표준 도서번호

국제표준 도서번호 ISBN(International Standard Book Number)는 전세계의 서적을 체계적으로 분류하고 도서의 유통관리를 효율적으로 하기 위해 국제공통으로 정한 도서의 고유 코드번호이다. 국제 ISBN 위원회가 작성한 이 번호는 13단위로 구성되어 있다. 2006년까지는 10자리 번호를 사용하였는데 출판물이 많아지면서 13자리로 바뀌게 되었다. 이 번호만으로 어느 나라, 어느 출판사에서 나온 어떤 내용의 책이라는 것을 식별할 수 있도록 되어 있다. 우리나라는 1990년 국제 ISBN 위원회에 가입함으로써 국제 출판정보 및 동향파악, 도서유통의 전산화 · 정보화 등이 훨씬 손쉬워졌다.

2007년부터 사용하는 13자리 ISBN은 $x_1 x_2 x_3 \cdots x_{12} x_{13}$으로 표시할 때 마지막 체크숫자 x_{13}은 다음과 같이 정한다.

$$\sum_{i=1}^{7} x_{2i-1} + 3\sum_{i=1}^{6} x_{2i}$$
$$= (x_1 + x_3 + x_5 + x_7 + x_9 + x_{11} + x_{13}) + 3(x_2 + x_4 + x_6 + x_8 + x_{10} + x_{12})$$
$$\equiv 0 \ (\text{mod } 10), \quad (0 \le x_{13} \le 9)$$

예를 들어, 978−89−5460−326−3이라는 번호가 붙은 책을 생각할 때, 978은 접두부를 나타내고, 89는 이 책에서 사용하는 언어가 한국어를 나타내고, 5460은 한국의 출판사를 나타내고, 326은 출판사가 정한 이 책의 번호이다. 끝으로 체크숫자 3은 위의 합동식으로 푼 값이다. 즉,

$$(9+8+9+4+0+2+x_{13})+3(7+8+5+6+3+6)$$
$$=(32+x_{13})+105=x_{13}+137\equiv 0 \pmod{10}$$

으로부터 $x_{13}=3$이 된다.

예제 7.7 한국에서 발행한 한 책의 ISBN 번호가 $978-89-578\square-274-4$일 때 □ 안의 숫자 x_9를 구하여라.

풀이 13자리의 ISBN에 대한 값을 구하기 위하여 다음과 같이 계산한다.

$$9+3\cdot 7+8+3\cdot 8+9+3\cdot 5+7+3\cdot 8+x_9+3\cdot 2+7+3\cdot 4+4\equiv 0 \pmod{10}$$

을 풀면 $146+x_9\equiv 0 \pmod{10}$에서 $x_9=4$를 얻는다. 따라서 이 책의 ISBN 번호는 $978-89-5784-274-4$이다. ■

7.4 여권번호

여권번호가 $x_1x_2x_3x_4x_5x_6x_7$일 때 정수 x_7은 다음과 같이 정한다.

$$x_7\equiv 7x_1+3x_2+x_3+7x_4+3x_5+x_6 \pmod{10},\quad (0\le x_7\le 9)$$

예제 7.8 여권번호의 처음 6자리 숫자가 330011일 때 7번째 자리 수를 구하여라.

풀이 $x_7\equiv 7\cdot 3+3\cdot 3+1\cdot 0+7\cdot 0+3\cdot 1+1\cdot 1=34\equiv 4 \pmod{10}$
즉, 이 여권번호는 3300114이어야 한다. ■

연습문제

1 다음 물음에 답하여라.

(1) 250과 4165를 7로 나누었을 때의 나머지를 구하여라.

(2) $15+25+\cdots+995+1005$를 4로 나누었을 때의 나머지를 구하여라.

2 다음 물음에 답하여라.

(1) 임의의 정수 a에 대하여 $a^3 \equiv 0$, 1 또는 8 $(\text{mod}\,9)$임을 증명하여라.

(2) a가 홀수일 때 $a^{2^n} \equiv 1 \ (\text{mod}\,2^{n+2})$을 귀납법으로 증명하여라.

3 주어진 정수 $N = a_m 10^m + a_{m-1}10^{m-1} + \cdots + a_1 10 + a_0$, $0 \le a_k < 10$에 대하여

(1) $S = a_0 + a_1 + \cdots + a_m$이 9로 나누어질 필요충분조건은 $9 | N$임을 증명하여라.

(2) $T = a_0 - a_1 + a_2 - \cdots + (-1)^m a_m$이 11로 나누어질 필요충분조건은 $11 | N$임을 증명하여라.

(3) 다음에서 3, 9, 11의 배수를 찾아라.

111,111　　18,381　　65,412,351　　176,521,221　　149,235,678

4 다음 일차합동식의 해를 구하여라.

(1) $11x \equiv 2 \ (\text{mod}\,40)$　　(2) $55x \equiv -33 \ (\text{mod}\,40)$

(3) $12x \equiv 25 \ (\text{mod}\,97)$　　(4) $-85x \equiv 2 \ (\text{mod}\,97)$

5 다음 연립 일차합동식의 해를 구하여라.

(1) $\begin{cases} x \equiv 1 \ (\text{mod}\,3) \\ x \equiv 2 \ (\text{mod}\,5) \\ x \equiv 3 \ (\text{mod}\,7) \end{cases}$　　(2) $\begin{cases} x \equiv 5 \ (\text{mod}\,11) \\ x \equiv 14 \ (\text{mod}\,29) \\ x \equiv 15 \ (\text{mod}\,31) \end{cases}$

(3) $\begin{cases} x \equiv 5 \ (\text{mod}\,6) \\ x \equiv 4 \ (\text{mod}\,11) \\ x \equiv 3 \ (\text{mod}\,17) \end{cases}$　　(4) $\begin{cases} 2x \equiv 1 \ (\text{mod}\,5) \\ 3x \equiv 9 \ (\text{mod}\,6) \\ 4x \equiv 1 \ (\text{mod}\,7) \\ 5x \equiv 9 \ (\text{mod}\,11) \end{cases}$

6 $17x \equiv 3 \ (\text{mod}\,2\cdot3\cdot5\cdot7)$을 다음 연립합동식을 푸는 방법으로 풀어라.

$$17x \equiv 3 \ (\text{mod}\,2),\ 17x \equiv 3 \ (\text{mod}\,3),\ 17x \equiv 3 \ (\text{mod}\,5),\ 17x \equiv 3 \ (\text{mod}\,7)$$

7 11의 배수로서 2, 3, 5, 7로 나누었을 때 나머지가 각각 1이 되는 정수를 모두 구하여라.

8 2, 3, 4, 5, 6으로 나누었을 때의 나머지가 각각 1, 2, 3, 4, 5이고 7로 나누어떨어지는 자연수 중에서 최소인 것을 구하여라.

9 17명의 해적이 금화를 훔쳐서 똑같이 나누어 갖고 보니 3개가 남았다. 그 중 두 명이 서로 나머지를 가지려고 싸우다가 1명을 죽였다. 다시 16명이 똑같이 나누니까 이번에는 10개가 남았다. 다시 다투다가 1명이 죽었다. 남은 15명이 똑같이 나누니까 남는 것이 없었다. 최소의 금화 개수를 구하여라.

10 다음 상품번호들의 빈칸을 채워라.

(1) 880 − 9172 − 92322 − □　　(2) 932 − 6514 − 0□833 − 4

(3) 880 − 2□89 − 00378 − 0　　(4) 880 − 9132 − □4805 − 5

11 다음 ISBN 번호들의 빈칸을 채워라.

(1) 978 − 0 − 817□ − 3993 − 3　　(2) 978 − 0 − 03 − 030□58 − 6

(3) 978 − □ − 261 − 05073 − 6　　(4) 978 − 0 − 19 − 8□3804 − 9

12 다음 여권번호의 빈칸을 채워라.

(1) 17□3331　　(2) 73173□2　　(3) 01814□1

(4) 0176□58　　(5) 00□6390　　(6) 0185□89

가우스와 수론

나눗셈 문제의 또 다른 접근방법은 오늘날 널리 알려진 합동식 이론이다. 합동식 이론을 이렇게 강력한 도구로 만든 개념은 독일의 수학자 **가우스**가 논문 ≪**산술연구**(Disquisitiones Arithmeticae)≫에서 처음 소개하였다. 1801년 가우스가 24살 때 발표한 이 기념비적 논문은 현대수론의 기초를 낳았다. 크로네커는 "이렇게 젊은 청년 한 명이 이렇게 많은 결과를, 더군다나 전혀 새로운 분야에 대하여 이렇게 풍부하고 잘 조직한 논문을 낳을 수 있다고 생각하니 정말 놀랍다."라고 하였다. 가우스는 수학에 대한 천부적인 취향이 명백한 유아천재로서 탁월한 사람이다. 확실한 얘기에 의하면, 그는 3살 때 아버지의 계산장부의 계산상 착오를 고쳤다고 한다. 그의 산술능력은 스승들을 압도하여 10살 때 선생님들은 이 소년에게 더 이상 가르칠 것이 없다고 시인하였다.

가우스는 일련의 성공적인 연구를 계속하였는데, 각각의 새로운 발견은 앞의 발견에서 유도되었다. 유클리드적인 방법 곧, 자와 컴퍼스만을 사용하여 정다각형을 구성하는 문제는 고대인들이 가능한 구성을 모두 다 알아낸 것으로 믿고 오랫동안 제쳐두었다.

1796년에 가우스는 정17각형을 구성할 수 있다는 것을 보였는데 이것은 유클리드 시대 이후로 이 분야에서의 첫 진전이었다. 1799년에 가우스의 박사학위 논문은 "**대수학의 기본정리**"에 대한 엄밀한 증명을 제공하였는데 이것은 1629년 지라드(Girard)가 처음 제안했고, 1746년에 알버트에 의하여 불완전하게 증명되었고, 그 후 1749년 오일러에 의하여 불완전하게 증명된 것이었다. 가우스가 항상 좋아했던 이 정리를(이것은 「n차의 대수방정식은 정확히 n개의 복소수 근을 갖는다」 이다) 그는 네 가지의 다른 방법으로 증명하였다. 1801년 ≪산술연구≫의 출판으로 가우스는 곧 수학자들 중에 최상급이 되었다.

≪산술연구≫의 주요결과들을 요약하면 (1) 작도가 가능한 정다각형의 확정 (2) 소인수분해와 그 유일성에 대한 엄밀한 증명 (3) $m+ni$ 형태의 가우스정수 도입과 그 성질 연구 (4) 평방상호법칙의 증명 (5) 이원이차 부정방정식 $ax^2+bxy+cy^2=d$의 연구 등이다.

가우스의 가장 탁월한 업적은 수학 분야보다도 이론천문학 분야에서였다. 19세기가 열리는 밤이었던 1801년 1월 1일에 이탈리아의 천문학자 피아지(Piazzi)는 소혹성(소행성 또는 소유성)이라고 불리는 첫 별을 발견했는데 후에 세레스(Ceres)라고 명명되었다. 그러나 단지 망원경으로만 볼 수 있는 이 새롭게 발견된 천체가 태양을 지나간 후부터 피아지와 다른 천문학자들은 다시 그 위치를 찾을 수 없었다.

피아지의 관찰은 41일간이나 계속되었는데 그동안에 별의 궤도는 단지 9°가 지나갔다. 이 적은 자료로부터, 가우스는 세레스의 궤도를 놀랄만큼 정확히 계산할 수 있었고, 이 사라졌던 혹성은 가우스가 예견했던 거의 정확한 장소에서 그 해 말에 다시 관측되었다. 이 성공이 가우스를 세계적인 명사로 만들었고, 그를 궤팅겐 천문대의 책임자로 임명케 하였다.

19세기 중엽이 되자, 수학은 거대하고 다루기 힘든 모습으로 성장하였고, 전공자만이 아는 여러 가지 분야로 세분되었다. 가우스는 최후의 전 분야적 수학자였다. 그와 동시대 인물들은 그를 수학의 왕자로 존경하였고, 아르키메데스와 아이작 뉴턴과 동등으로 여겼다.

비록 가우스는 수학의 전 분야를 아름답게 발전시켰지만 그는 항상 높은 존경과 애정을 수론에 쏟았다. 그는 "**수학은 과학의 여왕이요, 수론은 수학의 여왕이다.**"라고 주장했다.

8 함수

함수 개념은 단순히 하나의 수학적 방법이 아니라 수학적 사고의 심장이자 혼이다.

–클라인(F. Klein)

8.1 함수의 정의

이 절에서는 함수에 관한 기본 이론을 소개하며 여기서 다루는 모든 집합은 실수 전체 집합 $\mathbb{R}$의 부분집합으로 가정한다.

정의 8.1

공집합이 아닌 두 집합 X, Y에 대하여 $f: X \to Y$가 **함수**라는 것은 X의 각 원소 x에 Y의 원소 y가 단 하나 대응되는 규칙을 말하고 $y = f(x)$로 나타낸다. 이때 X를 함수 f의 **정의역**, Y를 **공역**, $f(X) = \{f(x) \mid x \in X\}$를 **치역**이라 부른다. 또한 $y = f(x)$를 x에서 f의 **함숫값**이라 하며 x를 **독립변수**, y를 **종속변수**라고 한다. 함수 f의 정의역 $dom(f)$는 공역 Y안에서 함숫값 $f(x)$가 존재하는 $x \in X$들의 집합으로 다음과 같다.

$$dom(f) = \{ x \in X \mid f(x) \in Y \}$$

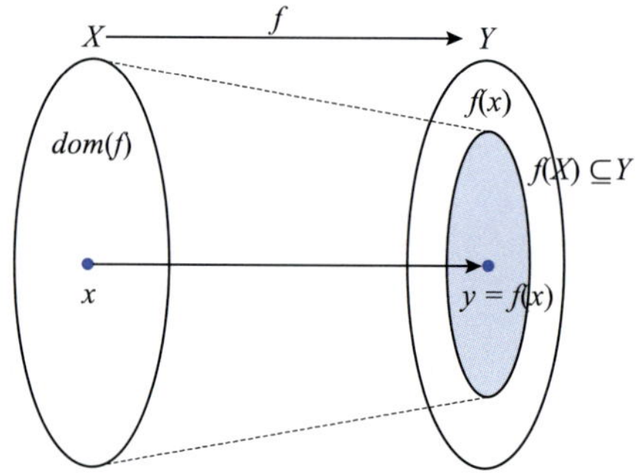

그림 8.1 정의역, 치역, 공역

예제 8.1 다음 대응들 중 함수인 것을 찾고 정의역, 공역, 치역을 구하여라.

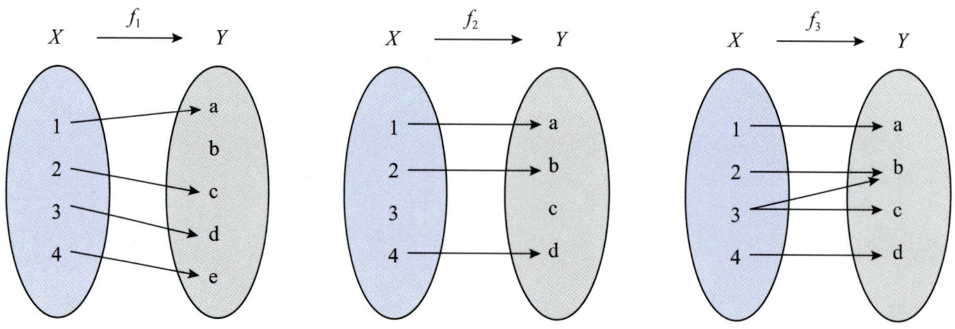

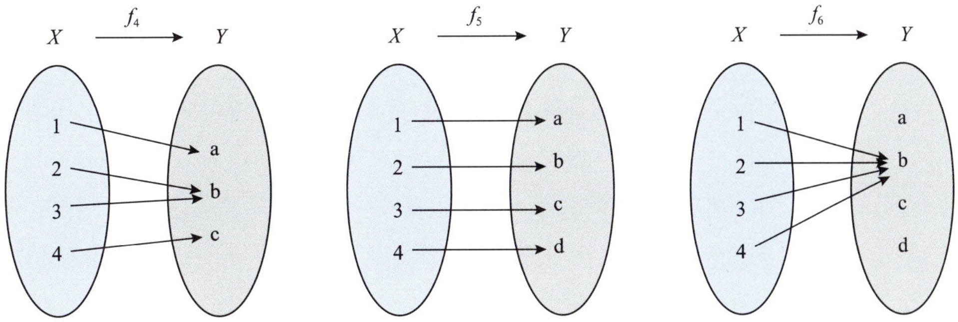

풀이 함수인 것은 f_1, f_4, f_5, f_6이다. 정의역은

$$dom(f_1) = dom(f_4) = dom(f_5) = dom(f_6) = \{1,\ 2,\ 3,\ 4\}$$

이다. 함수 f_1의 공역과 치역은

$$Y = \{a,\ b,\ c,\ d,\ e\},\ f_1(X) = \{a,\ c,\ d,\ e\}$$

이다. 함수 f_4의 공역과 치역은

$$Y = \{a,\ b,\ c\},\ f_4(X) = \{a,\ b,\ c\}$$

이다. 함수 f_5의 공역과 치역은

$$Y = \{a,\ b,\ c,\ d\},\ f_5(X) = \{a,\ b,\ c,\ d\}$$

이고 함수 f_6의 공역과 치역은

$$Y = \{a,\ b,\ c,\ d\},\ f_6(X) = \{b\}$$

■

예제 8.2 실수 전체의 집합 $\mathbb{R}$ 에서 $\mathbb{R}$ 로의 함수 $f : \mathbb{R} \to \mathbb{R}$, $y = f(x)$를 다음과 같이 정의하자. 이때 f 의 정의역과 치역을 구하여라.

(1) $y = x + 1$ (2) $y = x^2$

(3) $y = \sqrt{x-1}$ (4) $y = \dfrac{1}{\sqrt{x-1}}$

풀이 (1) 임의의 실수 x에 대하여 $x+1$도 실수이다.
따라서 f 의 정의역은 $dom(f) = \mathbb{R}$ 이고 치역은 $f(\mathbb{R}) = \mathbb{R}$ 이다.

(2) 임의의 실수 x에 대하여 $x^2 \geq 0$이다. 따라서 정의역은 $dom(f) = \mathbb{R}$ 이고 치역은 $f(\mathbb{R}) = \{y \in \mathbb{R} \mid 0 \leq y < \infty\}$ 이다.

(3) $x \geq 0$에 대하여 제곱근 $\sqrt{x}$가 존재하고 $\sqrt{x} \geq 0$이므로, f의 정의역은 $dom(f) = \{x \in \mathbb{R} \mid x - 1 \geq 0\}$이고, 치역은 $\{y \in \mathbb{R} \mid y \geq 0\}$ 이다.

(4) (3)에서 살펴보았듯이 $\sqrt{x-1}$이 존재하기 위한 x의 범위는 $x \geq 1$이다. 그런데 분수가 존재하기 위해서는 분모가 0이 아니므로 $\sqrt{x-1} > 0$이다. 따라서 f의 정의역은 $dom(f) = \{x \in \mathbb{R} \mid x > 1\}$이다. 또한 $x > 1$인 임의의 실수 x에 대하여 $y = \dfrac{1}{\sqrt{x-1}} > 0$이므로 f의 치역은 $\{y \in \mathbb{R} \mid y > 0\}$ 이다. ■

공집합이 아닌 임의의 집합 X에 대하여 X의 각 원소를 자기 자신으로 대응시키는 함수 $f(x) = x$를 **항등함수**라 하고 $I_X(x) = x$로 나타낸다. 또한 X의 모든 원소 x가 집합 Y안의 오로지 한 원소 c로 대응하는 경우, 즉 모든 $x \in X$에 대하여 $y = f(x) = c$일 때 f를 **상수함수**라 한다.

함수 $f: X \to Y$, $y = f(x)$에 대한 자취를 좌표평면 위에 나타낼 수 있는데 이 자취를 함수 f의 그래프라 한다. 예를 들어, 함수 $f: \mathbb{R} \to \mathbb{R}$, $f(x) = x^2$이 주어졌을 때 각 순서쌍 $(x, f(x))$를 좌표평면 위의 점 (x, y)에 대응시킴으로써 주어진 함수의 그래프를 그림 8.2와 같이 좌표평면 위에 있는 점의 집합으로 나타낼 수 있다.

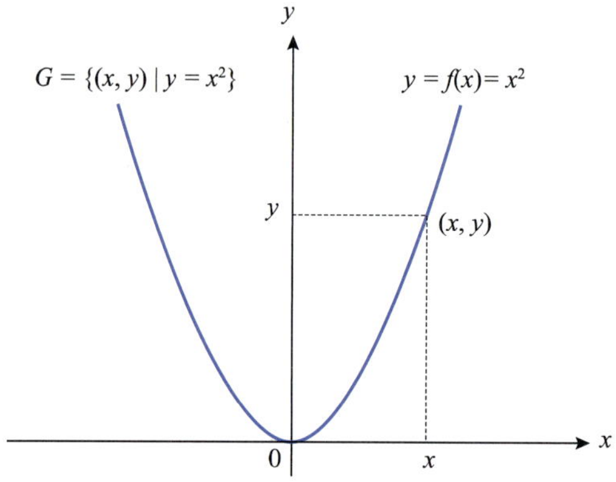

그림 8.2 함수 $y = f(x) = x^2$의 그래프

정의 8.2

함수 $f: X \to Y$에 대하여 정의역 X의 모든 원소 x와 그에 대응하는 함숫값 $f(x)$의 순서쌍 $(x, f(x))$ 전체의 집합

$$G = \{(x,\ f(x)) \mid x \in X\} = \{(x,\ y) \mid y = f(x),\ x \in X\}$$

를 함수 f의 **그래프**라고 한다.

어떤 곡선이 수직선과 두 점 이상에서 만나면 이 곡선은 함수의 그래프가 될 수 없다. 왜냐하면 x의 값에 y의 값이 꼭 하나만 대응해야 함수가 되기 때문이다. 이를 함수의 **수직선 판정법**이라고 한다.

예제 8.3 다음 곡선이 함수의 그래프가 될 수 있는지 판정하여라.

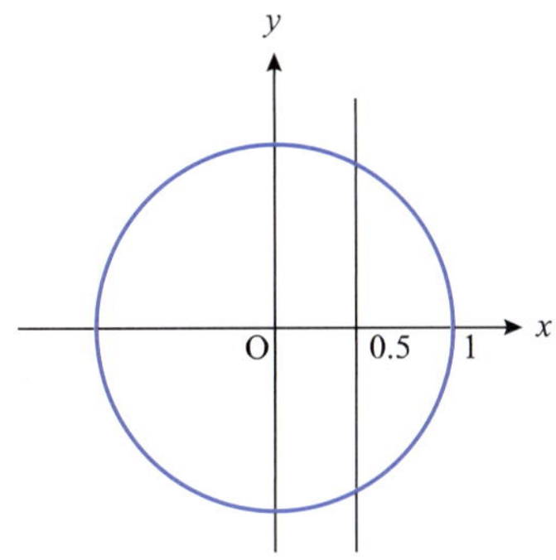

그림 8.3 함수의 그래프가 아니다.

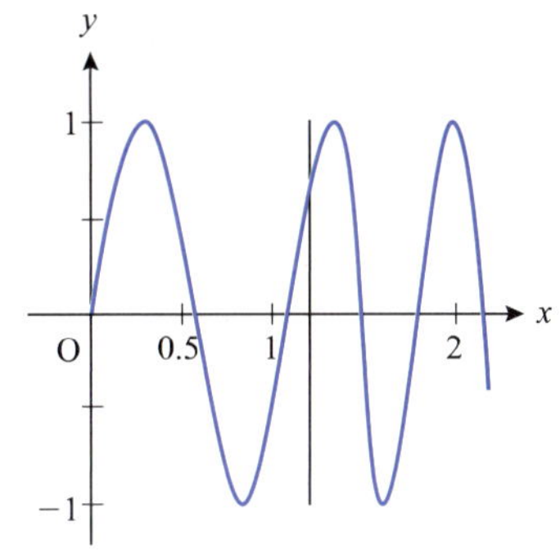

그림 8.4 함수의 그래프이다.

두 함수 f와 g의 정의역이 동일하고 정의역 안의 모든 원소 x에 대하여 $f(x) = g(x)$일 때, 두 함수 f와 g는 **같다**고 하고 $f = g$로 나타낸다. 그러므로 정의역이 다르거나 또는 적어도 하나의 원소 x에 대하여 $f(x) \neq g(x)$이면 $f \neq g$이다.

정의 8.3

두 함수 f, g의 정의역이 각각 D_1, D_2라고 하자. 함수의 사칙연산을 모든 $x \in D_1 \cap D_2$에 대하여 다음과 같이 정의한다.

$$(f+g)(x) = f(x) + g(x)$$
$$(f-g)(x) = f(x) - g(x)$$
$$(fg)(x) = f(x)g(x)$$
$$\left(\frac{f}{g}\right)(x) = \frac{f(x)}{g(x)} \quad (\text{단, } g(x) \neq 0)$$

예제 8.4 두 함수 $f(x)=4x+3$ 과 $g(x)=2x-1$ 에 대하여 $f+g,\ f-g,\ fg,\ \dfrac{f}{g}$ 를 구하고, 각각의 정의역을 구하여라.

풀이 두 함수 $f(x)=4x+3$ 과 $g(x)=2x-1$ 의 사칙연산을 구하면

$$(f+g)(x)=f(x)+g(x)=(4x+3)+(2x-1)=6x+2$$
$$(f-g)(x)=f(x)-g(x)=(4x+3)-(2x-1)=2x+4$$
$$(fg)(x)=f(x)g(x)=(4x+3)(2x-1)=8x^2+2x-3$$
$$\left(\frac{f}{g}\right)(x)=\frac{f(x)}{g(x)}=\frac{4x+3}{2x-1}$$

이고 $dom(f)=dom(g)=\mathbb{R}$ 이므로 각 함수의 정의역은

$$dom(f+g)=dom(f-g)=dom(fg)=dom(f)\cap dom(g)=\mathbb{R}$$
$$dom\left(\frac{f}{g}\right)=dom(f)\cap dom(g)-\{x \mid g(x)=0\}=\mathbb{R}-\{1/2\}$$

이다. ■

$f(x)=x^2$의 그래프를 x축을 따라 **수평 이동**한 그래프는 그림 8.5와 같다.

$f(x)=(x-1)^2$은 $f(x)=x^2$의 그래프를 x축을 따라 오른쪽으로 1만큼 수평 이동한 그래프이고, $f(x)=(x+1)^2$은 $f(x)=x^2$의 그래프를 x축을 따라 -1만큼 수평 이동한 그래프이다. 즉, 왼쪽으로 1만큼 수평 이동한 그래프이다. 따라서 $p>0$에 대해여 $y=f(x)$를 x축을 따라 오른쪽으로 p만큼 수평 이동한 함수는 $y=f(x-p)$이고, 왼쪽으로 p만큼 수평 이동한 함수는 $y=f(x+p)$이다.

$f(x)=x^2$의 그래프를 y축을 따라 **수직 이동**한 그래프는 그림 8.6과 같다. $f(x)=x^2+2$는 $f(x)=x^2$의 그래프를 y축을 따라 위쪽으로 2만큼 수직 이동한 그래프이고, $f(x)=x^2-2$는 $f(x)=x^2$의 그래프를 y축을 따라 -2만큼 수직 이동한 그래프이다. 즉, 아래쪽으로 2만큼 수직 이동한 그래프이다. 그러므로 $q>0$에 대하여 $y=f(x)$를 y축을 따라 q만큼 위쪽으로 수직 이동한 함수는 $y=f(x)+q$이고, 아래쪽으로 q만큼 수직 이동한 함수는 $y=f(x)-q$가 된다.

$f(x)=x^2$의 그래프를 x축에 대칭시킨 $f(x)=-x^2$의 그래프는 그림 8.7이다. $f(x)=1-(x+2)^2$의 그래프는 **대칭**과 **평행 이동**이 된 그림 8.8 형태이다.

함수 $y=f(x)$의 이동과 대칭$(p,\ q>0)$	
오른쪽으로 p만큼 수평 이동:	$y=f(x-p)$
왼쪽으로 p만큼 수평 이동:	$y=f(x+p)$
위쪽으로 q만큼 수직 이동:	$y=f(x)+q$
아래쪽으로 q만큼 수직 이동:	$y=f(x)-q$
x축에 대하여 대칭:	$y=-f(x)$
y축에 대하여 대칭:	$y=f(-x)$
원점에 대하여 대칭:	$y=-f(-x)$

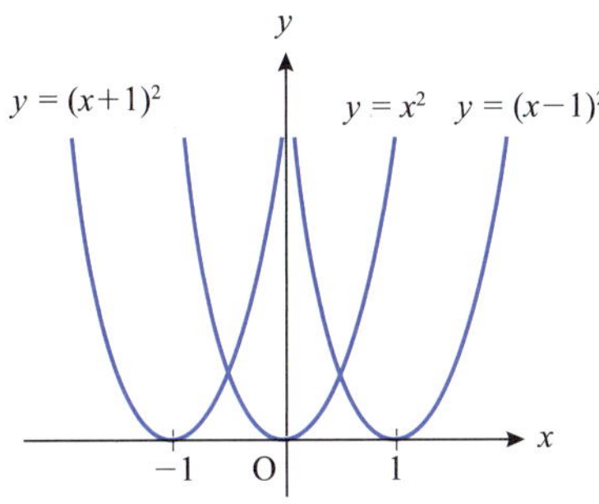

그림 8.5 $f(x)=x^2$의 수평 이동

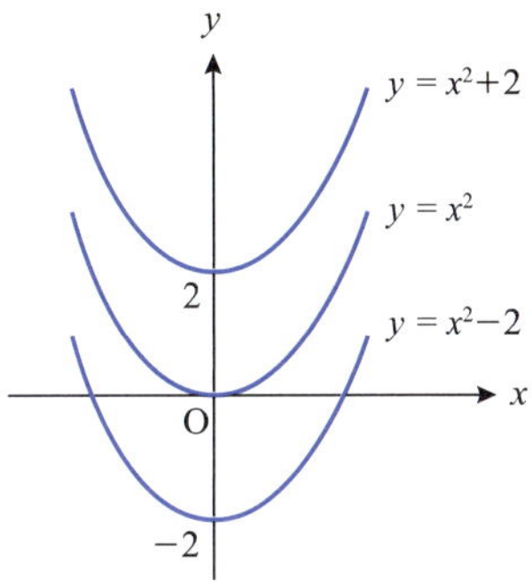

그림 8.6 $f(x)=x^2$의 수직 이동

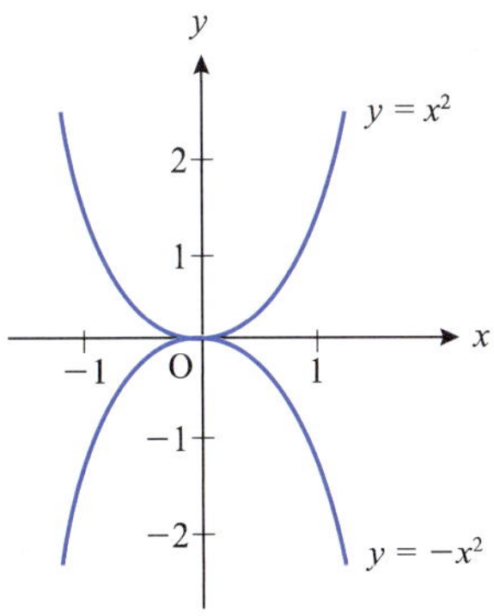

그림 8.7 $f(x)=x^2$의 x축에 대한 대칭 이동

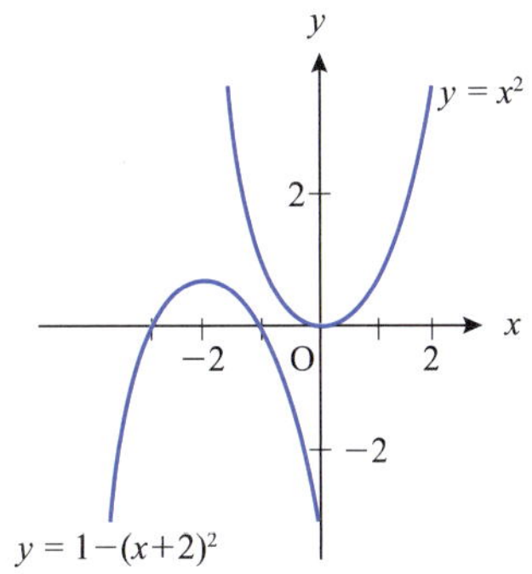

그림 8.8 $f(x)=x^2$의 대칭, 평행 이동

예제 8.5 함수 $y=3x$에 대하여 주어진 대칭, 평행 이동된 함수를 구하여라.

(1) 왼쪽으로 2만큼 수평 이동

(2) 위쪽으로 3만큼 수직 이동

(3) x축에 대한 대칭 이동과 아래쪽으로 4만큼 수직 이동

풀이 (1) $y = f(x+2) = 3(x+2) = 3x+6$
(2) $y = f(x)+3 = 3x+3$
(3) $y = -f(x)-4 = -(3x)-4 = -3x-4$

정의 8.4
두 함수 $f: X \to Y$와 $g: Y \to Z$에 대하여 $g \circ f: X \to Z$를

$$(g \circ f)(x) = g(f(x))$$

라 정의하고 이때 $g \circ f$를 f와 g의 **합성함수**라 한다.

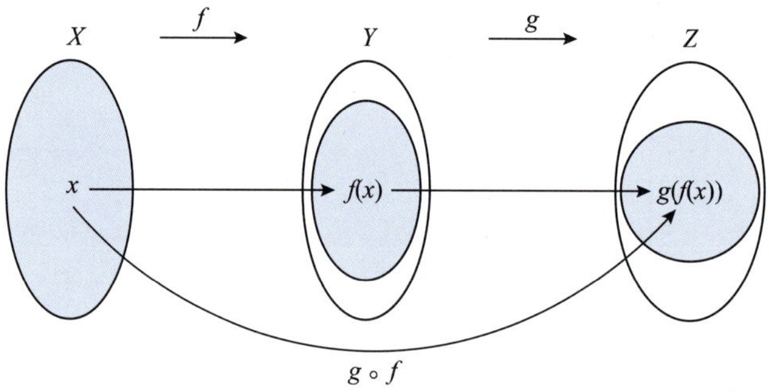

그림 8.9 두 함수의 합성

예제 8.6 함수 $f(x) = \dfrac{1}{x-1}$ 과 $g(x) = 2x^2+3$ 에 대하여 합성함수 $f \circ g$와 $g \circ f$를 구하여라.

풀이 합성함수의 정의에 의하여

$$(f \circ g)(x) = f(g(x)) = \frac{1}{g(x)-1} = \frac{1}{2x^2+3-1} = \frac{1}{2x^2+2}$$

$$(g \circ f)(x) = g(f(x)) = 2f(x)^2+3 = 2\left(\frac{1}{x-1}\right)^2+3 = \frac{3x^2-6x+5}{x^2-2x+1}$$

이다. ■

따라서 일반적으로 $f \circ g \neq g \circ f$ 임을 알 수 있다.

8.2 함수의 종류

이 절에서는 다항함수, 유리함수, 무리함수, 전단사함수, 역함수 등 여러 가지 함수의 종류에 대해 알아본다.

정의 8.5

함수 $y=f(x)$가 다음과 같이 상수 $a_n(a_n \neq 0)$, a_{n-1}, $\cdots$, a_1, a_0에 대하여 x에 관한 n차 다항식일 때, 이 함수 $f(x)$를 n차 **다항함수**라고 한다.

$$y=f(x)=a_n x^n + a_{n-1}x^{n-1} + \cdots + a_2 x^2 + a_1 x + a_0$$

특히 상수 $a(a \neq 0)$, b, c, d에 대하여 $f(x)=ax+b$를 **일차함수**, $f(x)=ax^2+bx+c$를 **이차함수**, 그리고 $f(x)=ax^3+bx^2+cx+d$를 **삼차함수**라고 한다.

일차함수 $f(x)=ax+b$에 대해 살펴보자. 일차항의 계수 a를 **기울기**라고 한다. $a>0$이면 x가 증가할 때 함숫값 y도 증가하고, 반면에 $a<0$이면 x가 증가할 때 함숫값 y는 감소한다. 그림 8.10과 같이 일차함수의 그래프는 직선으로 x축과 y축의 한 점을 지나게 되며, 이와 같이 좌표축에서 만나는 점을 **절편**이라고 한다. 일차함수 $f(x)=ax+b$에서 x축 절편은 $x=-\dfrac{b}{a}$이고 $x=0$일 때 y축 절편은 $y=b$이다.

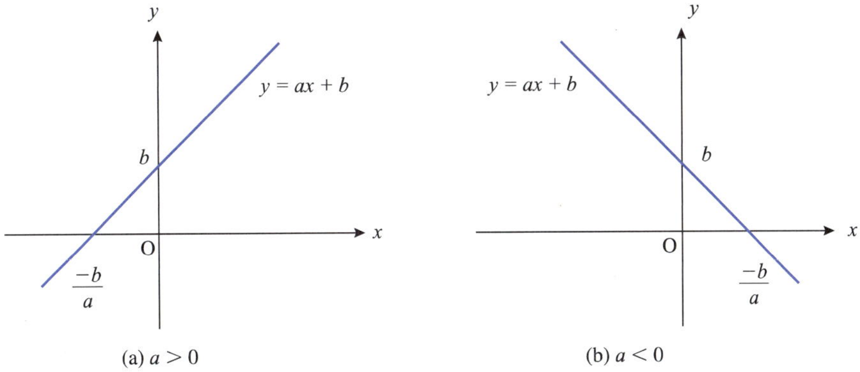

그림 8.10 일차함수의 기울기와 절편

| 정리 8.6| (1) 직선의 기울기 m과 지나는 한 점 (x_1, y_1)이 주어졌을 때 직선의 방정식은 다음과 같다.

$$y - y_1 = m(x - x_1)$$

(2) 직선이 지나는 두 점 $(x_1,\ y_1)$, $(x_2,\ y_2)$가 주어졌을 때 직선의 기울기는

$$m = \frac{y_2 - y_1}{x_2 - x_1}$$

이고, 직선의 방정식은 다음과 같다.

$$y - y_1 = \frac{y_2 - y_1}{x_2 - x_1}(x - x_1)$$

■

예제 8.7 다음 직선의 방정식을 구하고 그래프를 그려라.

(1) 기울기가 2이고 지나는 점 $(2, -1)$

(2) 지나는 두 점 $(-2,\ 5)$, $(4,\ -4)$

풀이 (1) 기울기는 $m = 2$이고 $(x_1,\ y_1) = (2,\ -1)$이므로 정리 8.6에 의해

$$y + 1 = 2(x - 2)$$

를 얻는다. 간단히 하면 $y = 2x - 5$이다. 기울기가 2, y절편이 -5이고 x절편이 $\frac{5}{2}$인 직선의 그래프는 그림 8.11과 같다.

(2) $(x_1,\ y_1) = (-2,\ 5)$, $(x_2,\ y_2) = (4,\ -4)$라 두면, 정리 8.6에 의해 직선의 방정식

$$y - 5 = \frac{-4 - 5}{4 + 2}(x + 2)$$

를 얻는다. 간단히 정리하면 $y = -\frac{3}{2}x + 2$이다. 기울기가 $-\frac{3}{2}$, y절편이 2이고 x절편이 $\frac{4}{3}$인 직선의 그래프는 그림 8.12와 같다. ■

이차함수 $f(x) = ax^2 + bx + c$의 그래프는 포물선 모양이다. 이차항의 계수가 $a > 0$이면 아래로 볼록인 형태의 포물선이 되고, $a < 0$이면 위로 볼록인 형태의 포물선이 된다. 상수항 c는 y축 절편을 나타낸다. 이차함수는 포물선 모양이므로 꼭짓점을 가지며 꼭짓점

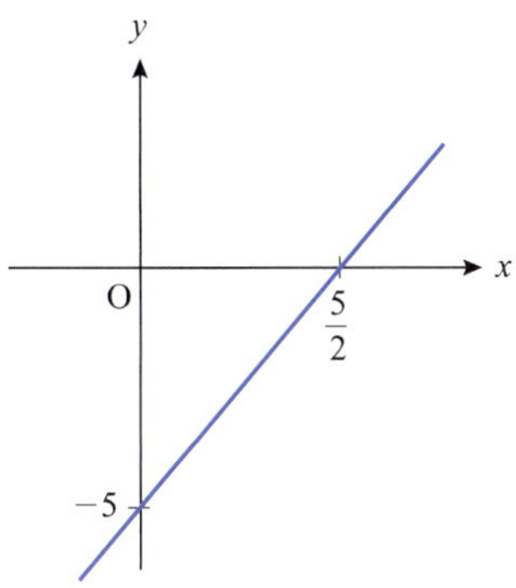

그림 8.11 $y=2x-5$

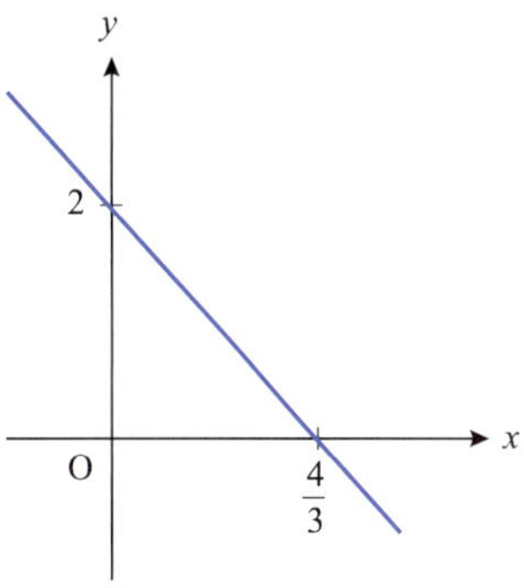

그림 8.12 $y=-\frac{3}{2}x+2$

의 좌표를 구하기 위해 다음과 같이 완전제곱식으로 변형한다.

$$f(x)=ax^2+bx+c=a\left(x+\frac{b}{2a}\right)^2-\frac{b^2-4ac}{4a}=a(x-p)^2+q$$

그러면 $p=-\frac{b}{2a}$, $q=-\frac{b^2-4ac}{4a}$이고 꼭짓점의 좌표는 $(p,\ q)$이다. 그러므로 볼록성을 결정하는 이차항의 계수가 a이고 꼭짓점의 좌표가 $(p,\ q)$인 이차함수의 식은 다음과 같다.

$$f(x)=a(x-p)^2+q$$

이 식을 표준형이라 부른다. 그림 8.13과 같이 $a>0$이면 꼭짓점에서 이차함수는 최소가 되고, $a<0$이면 꼭짓점에서 이차함수는 최대가 된다. 따라서 이차함수 $f(x)=ax^2+bx+c$의 최솟값 또는 최댓값은 다음과 같다.

$$f(p)=q=-\frac{b^2-4ac}{4a}$$

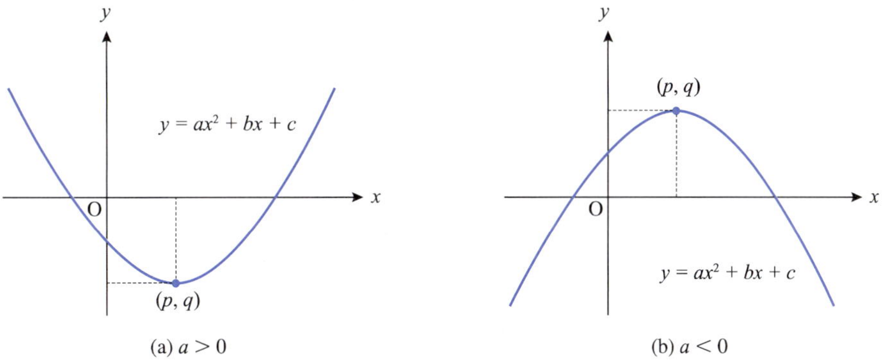

그림 8.13 이차함수의 볼록성, 꼭짓점과 최대・최소

예제 8.8 다음 이차함수의 그래프를 그려라.

(1) $f(x)=x^2-4x+2$ (2) $f(x)=-x^2-4x+2$

(3) $f(x)=3x^2-4x+3$ (4) $f(x)=-4x^2-4x+1$

풀이 (1) 완전제곱식으로 변형하면

$$\begin{aligned} f(x) &= x^2-4x+2=(x^2-4x)+2=(x-2)^2-4+2 \\ &= (x-2)^2-2 \end{aligned}$$

이다. 따라서 그래프는 꼭짓점 $(p,\ q)=(2,\ -2)$를 지나고, y축 절편이 2인 아래로 볼록인 포물선인 그림 8.14이다.

(2) 완전제곱식으로 변형하면

$$\begin{aligned} f(x) &= -x^2-4x+2=-(x^2+4x)+2=-(x+2)^2+4+2 \\ &= -(x+2)^2+6 \end{aligned}$$

이다. 따라서 그래프는 꼭짓점 $(p,\ q)=(-2,\ 6)$을 지나고, y축 절편이 2인 위로 볼록인 포물선인 그림 8.15이다.

(3) 완전제곱식으로 변형하면

$$\begin{aligned} f(x) &= 3x^2-4x+3=3\left(x^2-\frac{4}{3}x\right)+3=3\left(x-\frac{2}{3}\right)^2-\frac{4}{3}+3 \\ &= 3\left(x-\frac{2}{3}\right)^2+\frac{5}{3} \end{aligned}$$

이다. 따라서 그래프는 꼭짓점 $(p,\ q)=\left(\frac{2}{3},\ \frac{5}{3}\right)$를 지나고, y축 절편이 3인 아래로 볼록인 포물선인 그림 8.16이다.

(4) 완전제곱식으로 변형하면

$$\begin{aligned} f(x) &= -4x^2-4x+1=-4(x^2+x)+1=-4\left(x+\frac{1}{2}\right)^2+1+1 \\ &= -4\left(x+\frac{1}{2}\right)^2+2 \end{aligned}$$

이므로 그래프는 꼭짓점 $(p,\ q)=\left(-\frac{1}{2},\ 2\right)$를 지나고, y축 절편이 1인 위로 볼록인 포물선인 그림 8.17과 같다.

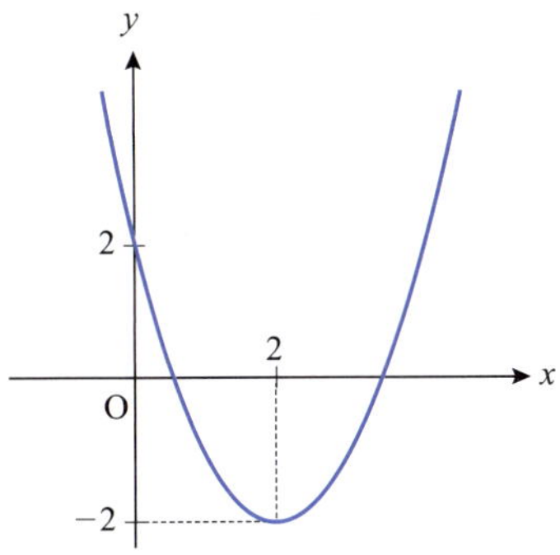

그림 8.14 $f(x) = x^2 - 4x + 2$

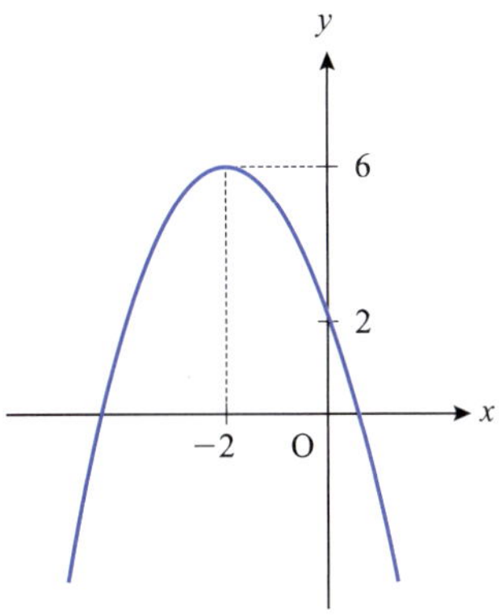

그림 8.15 $f(x) = -x^2 - 4x + 2$

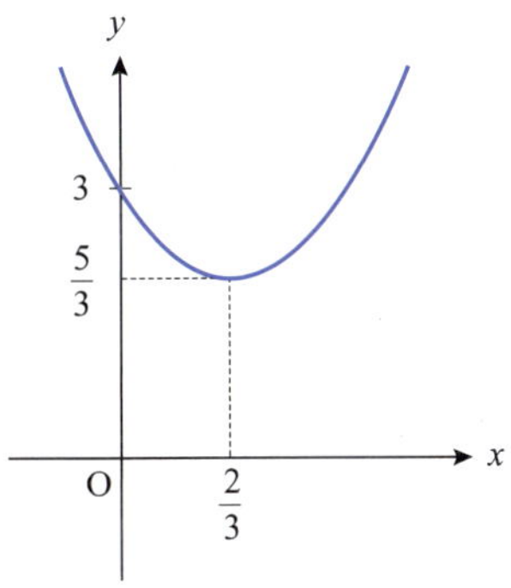

그림 8.16 $f(x) = 3x^2 - 4x + 3$

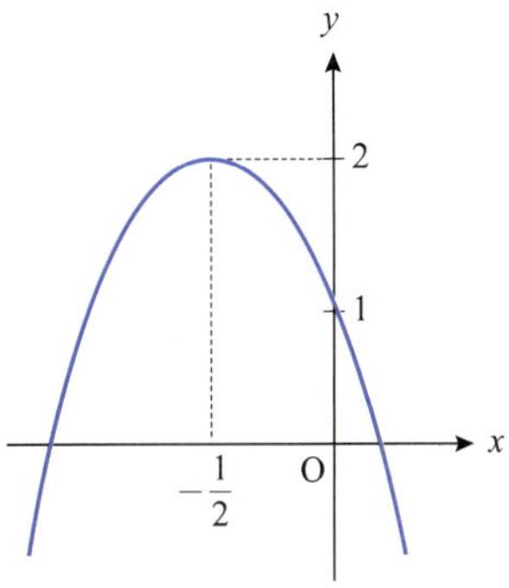

그림 8.17 $f(x) = -4x^2 - 4x + 1$ ■

정의 8.7

두 다항함수 $p(x)$와 $q(x)$의 나눗셈으로 나타낸 함수

$$f(x) = \frac{p(x)}{q(x)} = \frac{a_n x^n + a_{n-1}x^{n-1} + \cdots + a_1 x + a_0}{b_m x^m + b_{m-1}x^{m-1} + \cdots + b_1 x + b_0} \quad (q(x) \neq 0)$$

을 **유리함수**라 하며 유리함수의 정의역은 분모가 0이 되는 경우를 제외한 모든 실수다.

예를 들어

$$f(x) = \frac{1}{x}, \ g(x) = \frac{-2}{x}$$

의 그래프는 그림 8.18과 같고 정의역은 $dom(f) = \mathbb{R} - \{0\} = dom(g)$이며 f와 g의 치역은 모두 $\mathbb{R} - \{0\}$이다.

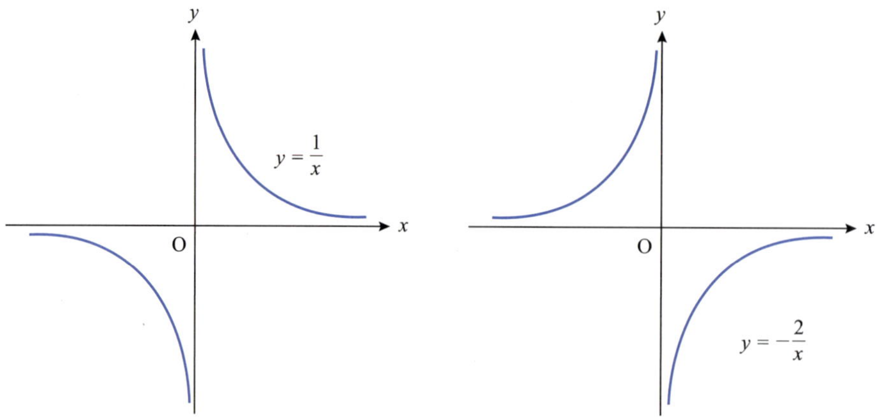

그림 8.18 유리함수의 그래프

즉 유리함수

$$f(x) = \frac{k}{x} \quad (k\text{는 상수})$$

의 그래프는 $k>0$일 때 제1,3사분면에 있는 쌍곡선 모양이고, $k<0$이면 제2,4사분면에 있는 쌍곡선 모양이다. 또한 유리함수

$$f(x) = \frac{k}{x-p} + q \quad (k,\ p,\ q\text{는 상수})$$

의 그래프는 $y = \frac{k}{x}$의 그래프를 x축 방향으로 p만큼 y축 방향으로 q만큼 평행 이동한 그래프이다. 따라서 f의 정의역은 $\mathbb{R} - \{p\}$이고, 치역은 $\mathbb{R} - \{q\}$이다.

예제 8.9 다음 유리함수의 그래프를 그리고, 정의역과 치역을 구하여라.

(1) $f(x) = \frac{2x-1}{x-1}$ (2) $f(x) = \frac{3x+1}{-2x}$

풀이 (1) 유리함수의 정의역은 분모가 $x-1 \neq 0$인 모든 실수이다. 따라서 정의역은 $dom(f) = \mathbb{R} - \{1\}$이다. 유리함수를

$$f(x) = \frac{2x-1}{x-1} = \frac{1}{x-1} + 2$$

로 쓸 수 있으므로 $y = \frac{1}{x}$의 그래프를 x축 방향으로 1만큼 y축 방향으로 2

만큼 평행 이동한 그림 8.19를 얻는다. 위 식에서 $\frac{1}{x-1} \neq 0$이므로 $f(x) \neq 2$이다. 따라서 치역은 $\mathbb{R} - \{2\}$이다.

(2) 유리함수의 정의역은 분모가 $-2x \neq 0$인 모든 실수이다.
따라서 $dom(f) = \mathbb{R} - \{0\}$이다. 유리함수를

$$f(x) = \frac{3x+1}{-2x} = -\frac{3}{2} + \frac{-1/2}{x}$$

로 쓸 수 있으므로 $y = \frac{-1/2}{x}$의 그래프를 y축 방향으로 $-\frac{3}{2}$만큼 평행 이동하면 그림 8.20이 된다. 위 식에서 $\frac{-1/2}{x} \neq 0$이므로 $f(x) \neq -\frac{3}{2}$이다. 따라서 치역은 $\mathbb{R} - \{-\frac{3}{2}\}$이다.

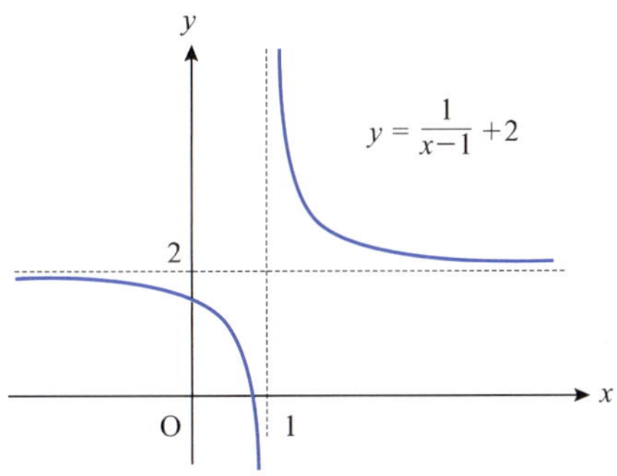

그림 8.19 $f(x) = \frac{2x-1}{x-1}$

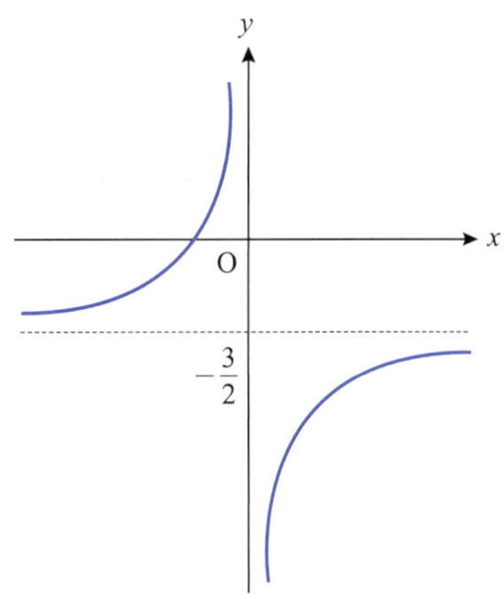

그림 8.20 $f(x) = \frac{3x+1}{-2x}$ ■

정의 8.8

x에 관한 무리식으로 표현되는 함수를 **무리함수**라고 한다. 무리함수의 정의역은 근호의 값이 실수이어야 하므로 짝수근호 안의 값이 음수가 아니어야 한다.

예를 들어 $f(x) = \sqrt{x-1} - 1$의 정의역은 $x-1 \geq 0$이어야 하므로

$$dom(f) = \{x \in \mathbb{R} \mid x-1 \geq 0\} = \{x \in \mathbb{R} \mid x \geq 1\}$$

이고, 이 함수의 그래프는 $y = \sqrt{x}$의 그래프를 x축 방향으로 1만큼, y축 방향으로 -1만큼 평행 이동한 그래프로 그림 8.22와 같다.

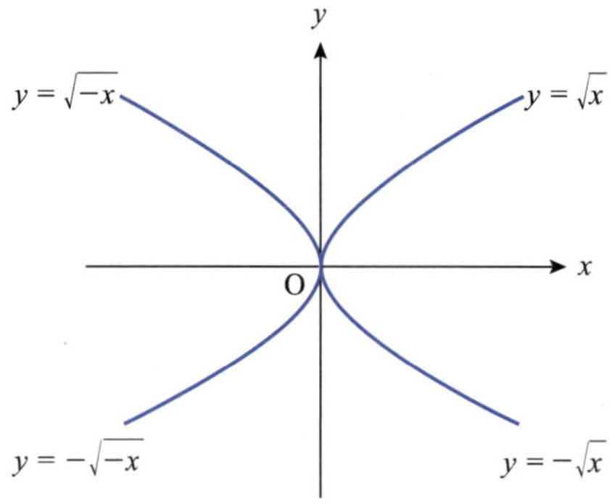

그림 8.21 무리함수의 그래프

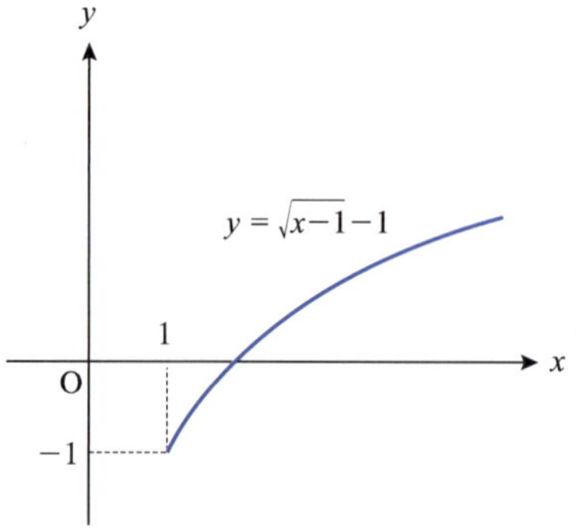

그림 8.22 $f(x)=\sqrt{x-1}-1$

정의 8.9

(1) 함수 $f:X\to Y$에 대하여 공역과 치역이 일치하면, 즉

$$Y=f(X)$$

일 때 f를 **전사함수** 또는 **위로의 함수**라 한다.

(2) 모든 $x_1,\ x_2\in X$에 대하여

$$x_1\neq x_2 \text{ 이면 } f(x_1)\neq f(x_2)$$

일 때 f를 **단사함수** 또는 **일대일함수**라 한다.

(3) f가 전사함수이면서 단사함수일 때 f를 **전단사함수** 또는 **일대일대응**이라 한다.

함수 $f:X\to Y$가 일대일대응이고 정의역 X와 공역 Y가 유한집합이면 두 집합 X와 Y는 원소의 수가 동일하다.

한편 단사함수이기 위한 필요충분조건은

$$f(x_1)=f(x_2) \text{ 이면 } x_1=x_2$$

와 같다. 따라서 어떤 곡선이 수평선과 두 점 이상에서 만나면 이 곡선은 단사함수의 그래프가 될 수 없다. 왜냐하면 y의 값에 x의 값이 꼭 하나만 대응되어야 단사함수가 되기 때문이다. 이를 단사함수의 **수평선 판정법**이라 한다.

예제 8.10 예제 8.1에 있는 함수 중 전사, 단사함수를 구별하여라.

풀이 예제 8.1에 있는 함수 중 f_1은 전사함수는 아니지만 단사함수이고, f_4는 전사함수이지만 단사함수가 아니다. 한편 f_5는 전단사함수이고 f_6은 전사함수도 단사함수도 아니다.

예제 8.11 다음 함수에서 단사함수, 전사함수, 전단사함수를 구별하여라.

(1) $f(x)=x^3,\ f:\mathbb{R}\to\mathbb{R}$ (2) $g(x)=x^2,\ f:\mathbb{R}\to\mathbb{R}^+$

(3) $h(x)=x^2,\ f:\mathbb{R}^+\to\mathbb{R}$ (4) $l(x)=x^2,\ f:\mathbb{R}^+\to\mathbb{R}^+$

단, $\mathbb{R}^+$는 음이 아닌 실수 전체의 집합이다.

풀이 (2)는 전사함수이지만 단사함수가 아니다. (3)은 단사함수이지만 전사함수가 아니다. (1)과 (4)는 전단사함수이다.

(1)

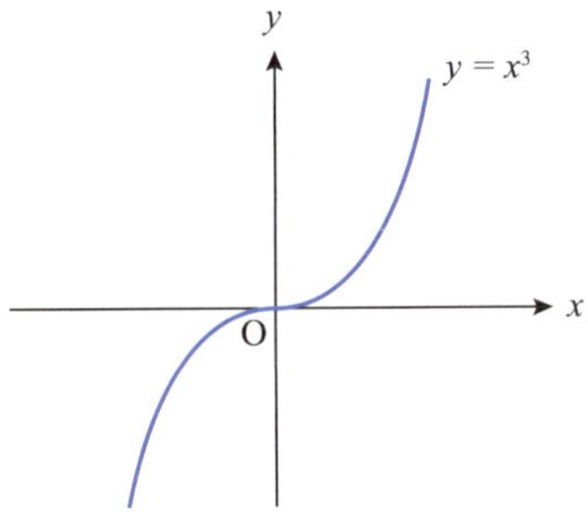

(2)

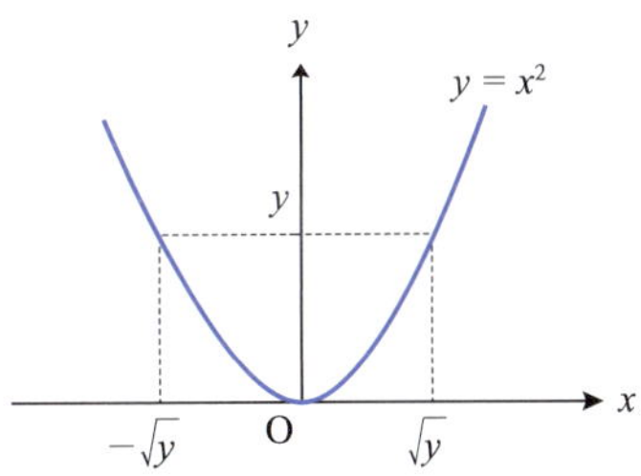

(3)

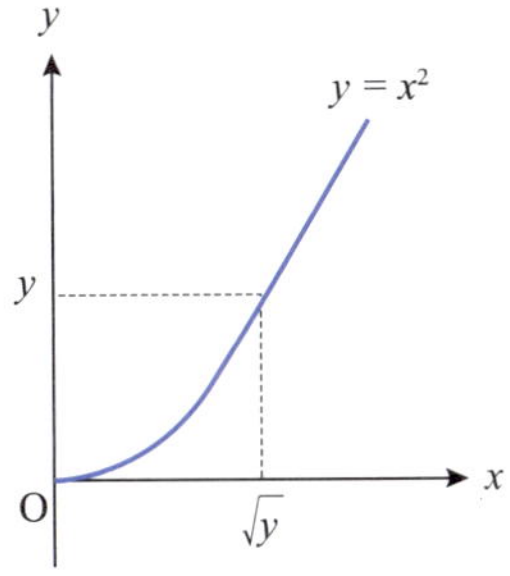

(4)

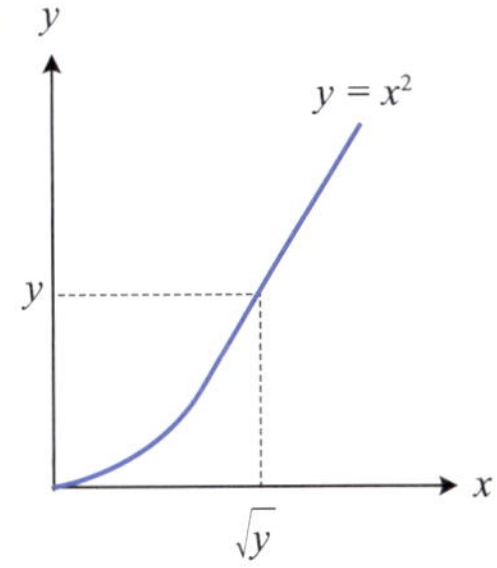

■

함수 $f:X\to Y$가 전단사함수이면 정의역 X와 공역 Y의 원소들이 일대일 대응을 이룬다. 이때 그림 8.23과 같이 집합 Y의 각 원소 y에 대하여 $y=f(x)$에 의한 X의 유일한 원소 x로 대응시키는 함수 $g:Y\to X$가 존재한다. 따라서 모든 $x\in X$에 대하여 $y=f(x)$라 할 때 $g:Y\to X$는 $x=g(y)$이므로 $g:Y\to X$는 함수의 조건을 만족할 뿐만 아니라 전단사함수의 조건을 만족한다.

정의 8.10

전단사함수 $y=f(x)$의 치역을 정의역으로 하고 $y=f(x)$의 대응관계를 역대응하는 함수 $g: Y \to X$, $x=g(y)$를 $f: X \to Y$의 **역함수**라 하고 $g=f^{-1}$로 나타낸다. 따라서 $f: X \to Y$와 $f^{-1}: Y \to X$ 사이에 다음 합성관계가 성립한다.

(1) 모든 $x \in X$에 대하여 $(f^{-1} \circ f)(x) = f^{-1}(f(x)) = f^{-1}(y) = x$ 즉, $f^{-1} \circ f = I_X$

(2) 모든 $y \in Y$에 대하여 $(f \circ f^{-1})(y) = f(f^{-1}(y)) = f(x) = y$ 즉, $f \circ f^{-1} = I_Y$

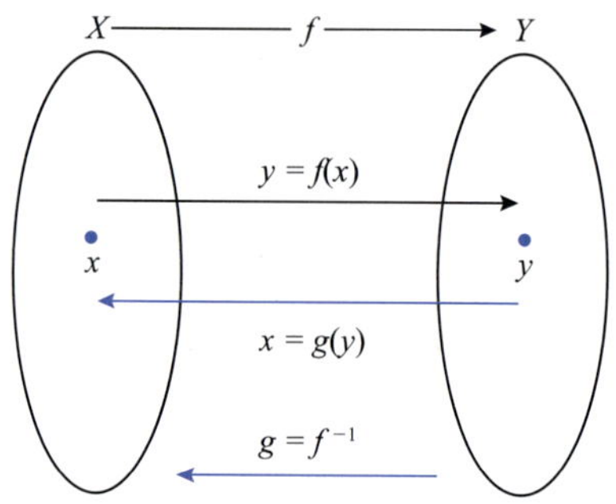

그림 8.23 함수 f와 역함수 f^{-1}

함수 $y=f(x)$의 역함수를 구하기 위해서는 다음과 같은 방법을 사용한다.

(1) $y=f(x)$에서 x를 y에 관한 식으로 고친다. 즉 $x=g(y)$ 형태로 쓴다.

(2) $x=g(y)$에서 x와 y를 바꾸어 쓰면 역함수 $y=g(x)=f^{-1}(x)$를 얻는다.

결국, $y=f(x)$의 역함수는 $y=f(x)$에서 x와 y를 바꾼 다음 x에 관한 식으로 고친 함수이므로 역함수와 원래의 함수는 직선 $y=x$에 관하여 대칭이 된다.

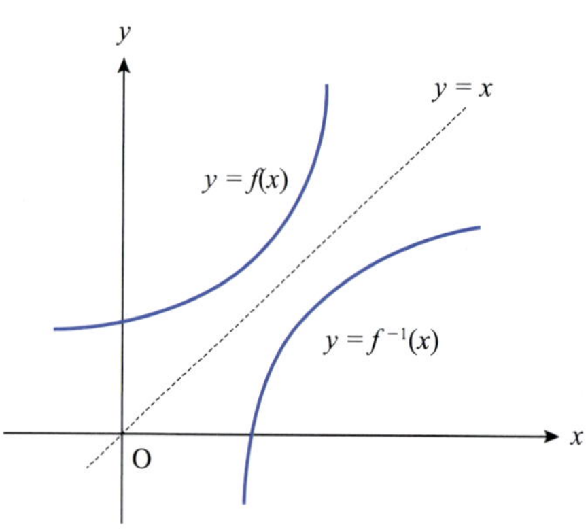

그림 8.24 f와 f^{-1}의 그래프

예제 8.12 $f(x)=x^3$의 역함수를 구하고, f와 그 역함수의 합성함수가 항등함수임을 보여라.

풀이 함수 $y=x^3$의 y에 관한 식은 $x=y^{1/3}$이므로 역함수 $f^{-1}(x)$는 y와 x를 바꾸어 쓰면

$$y=f^{-1}(x)=x^{1/3}$$

이 된다. 한편

$$(f\circ f^{-1})(x)=f(f^{-1}(x))=f(x^{1/3})=(x^{1/3})^3=x$$
$$(f^{-1}\circ f)(x)=f^{-1}(f(x))=f^{-1}(x^3)=(x^3)^{1/3}=x$$

이 되어 항등함수이다. 그래프는 그림 8.25와 같다.

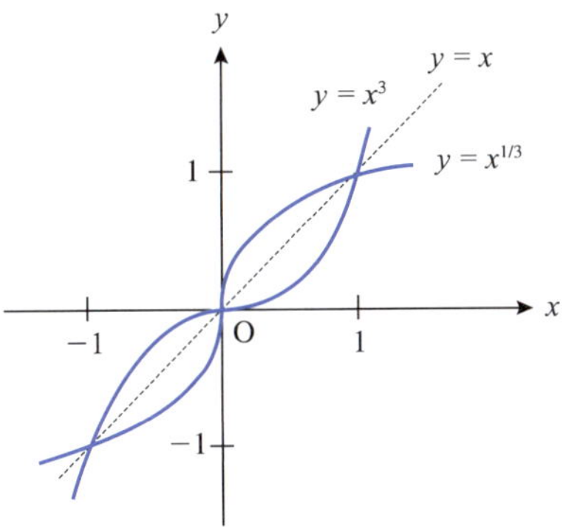

그림 8.25 $y=x^3$과 $y=x^{1/3}$의 그래프 ■

예제 8.13 주어진 함수 $f(x)$의 정의역과 치역을 구하고, 역함수 $f^{-1}(x)$를 구하여라.

(1) $f(x)=4x+5$ (2) $f(x)=3x^2+2,\ x\ge 0$ (3) $f(x)=\dfrac{2x}{1-x}$

풀이 (1) f의 정의역과 치역은 $\mathbb{R}$이고 전단사함수이므로 역함수가 존재한다.

$y=4x+5$의 y에 관한 식은 $x=\dfrac{y-5}{4}$가 되므로 역함수는 다음과 같다.

$$f^{-1}(x)=\frac{x-5}{4}$$

(2) f는 정의역이 $\{x\,|\,x\ge 0\}$이고, 치역은 $f(x)=3x^2+2\ge 2$이다. 따라서 함수는 $f:\{x\,|\,x\ge 0\}\to\{y\,|\,y\ge 2\}$인 전단사함수이다. $y=3x^2+2$의 y에 관한 식은 $x=\pm\sqrt{\dfrac{y-2}{3}}$인데 $x\ge 0$이므로 역함수는 다음과 같다.

$$f^{-1}(x) = \sqrt{\frac{x-2}{3}}$$

(3) f 의 정의역은 $\mathbb{R} - \{1\}$ 이다. $f(x) = \dfrac{2x}{1-x} = -2 + \dfrac{2}{1-x}$ 이고 $\dfrac{2}{1-x} \neq 0$ 이므로 $f(x) \neq -2$ 이다. 따라서 f의 치역은 $\mathbb{R} - \{-2\}$이다. 함수는 $f : \mathbb{R} - \{1\} \to \mathbb{R} - \{-2\}$인 전단사함수이므로 역함수가 존재한다. $y = \dfrac{2x}{1-x}$의 y에 관한 식은 $x = \dfrac{y}{2+y}$가 되므로 역함수는 다음과 같다.

$$f^{-1}(x) = \frac{x}{2+x}$$ ■

정의 8.11

임의의 $x \in X$에 대하여

$$f(-x) = f(x)$$

를 만족하는 함수를 **우함수**라 하고,

$$f(-x) = -f(x)$$

를 만족하는 함수를 **기함수**라 한다.

예를 들어, $f(x) = x^2$, $f(x) = x^4 + 2x^2 + 1$, $f(x) = |x| - 1$은 모두 $f(-x) = f(x)$가 성립하므로 우함수이고, $f(x) = x^3$, $f(x) = x^5 - 2x^7$은 모두 $f(-x) = -f(x)$가 성립하므로 기함수이다. 특히, 그림 8.26과 같이 우함수의 그래프는 y축에 관하여 대칭이며 기함수의 그래프는 원점에 관하여 대칭이다.

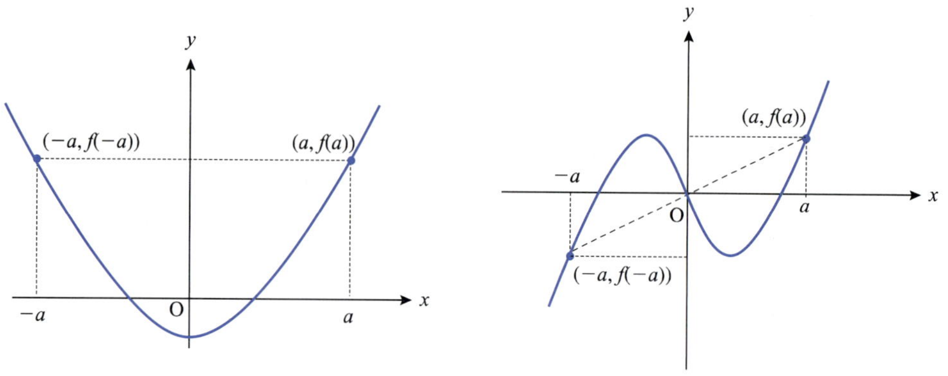

그림 8.26 우함수와 기함수

8.3 지수함수와 로그함수

지수함수를 정의하기 위하여 기본이 되는 거듭제곱과 거듭제곱근에 대하여 알아보자. 어떤 수 a를 n번 곱한 표현

$$a^n = \underbrace{a \cdot a \cdot \cdots \cdot a}_{n}$$

을 a의 n제곱이라 하고, 이것을 a^n으로 나타낸다. 특히, $a^1 = a$로 나타내며, a, a^2, a^3, $\cdots$을 모두 a의 **거듭제곱**이라고 한다. 또한 a^n에서 a를 거듭제곱의 **밑**, n을 거듭제곱의 **지수**라고 한다. 그리고 어떤 수 b를 제곱하여 실수 a가 되는 경우, 즉 $b^2 = a$일 때 b를 a의 **제곱근**이라 하고 특히 b가 양의 실수이면 $b = \sqrt{a}$로 나타낸다. 또한 어떤 수 b를 세제곱하여 실수 a가 될 때 b를 a의 **세제곱근**이라 하고 $b = \sqrt[3]{a}$로 나타낸다. 일반적으로 양의 정수 n에 대하여 어떤 수 b를 n제곱하여 a가 되는 수, 즉 $b^n = a$의 근 b를 a의 n**제곱근**이라 하고 $b = \sqrt[n]{a}$로 나타낸다.

다음 정리는 실수 a의 n제곱근의 성질을 나타낸다.

| 정리 8.12 | (1) $a > 0$일 때,

n이 짝수이면 a의 실수인 n제곱근은 $\pm\sqrt[n]{a}$이다.

n이 홀수이면 a의 실수인 n제곱근은 $\sqrt[n]{a}$이다.

(2) $a < 0$일 때,

n이 홀수인 경우에만 a의 실수인 n제곱근 $\sqrt[n]{a}$가 존재한다.

특히, 지수가 0, 음수, 분수인 경우는 다음과 같이 확장하여 정의한다.

$$a^0 = 1, \quad \frac{1}{a^n} = a^{-n}, \quad \sqrt[n]{a} = a^{\frac{1}{n}}, \quad \sqrt[n]{a^m} = a^{\frac{m}{n}}$$

이제 지수를 실수 범위로 확장하기 위하여 $a > 0$일 때 지수 r가 무리수인 a^r의 의미를 알아보자. 예를 들어 $2^{\sqrt{2}}$을 어떻게 정의할 것인지, 그리고 만약에 정의된다면 어떤 실수가 되는지 생각해 보자. 먼저 $\sqrt{2}$를 소수로 나타내면

$$\sqrt{2} = 1.414213562373\cdots$$

이므로 다음과 같은 방법으로 유리수 지수를 갖는 수의 나열을 생각할 수 있다.

$$\begin{array}{rcl}
1 < \sqrt{2} < 2 & \Rightarrow & 2^1 < 2^{\sqrt{2}} < 2^2 \\
1.4 < \sqrt{2} < 1.5 & \Rightarrow & 2.639016\cdots = 2^{1.4} < 2^{\sqrt{2}} < 2^{1.5} = 2.828427\cdots \\
1.41 < \sqrt{2} < 1.42 & \Rightarrow & 2.657372\cdots = 2^{1.41} < 2^{\sqrt{2}} < 2^{1.42} = 2.675855\cdots \\
1.414 < \sqrt{2} < 1.415 & \Rightarrow & 2.664750\cdots = 2^{1.414} < 2^{\sqrt{2}} < 2^{1.415} = 2.666597\cdots \\
1.4142 < \sqrt{2} < 1.4143 & \Rightarrow & 2.665119\cdots = 2^{1.4142} < 2^{\sqrt{2}} < 2^{1.4143} = 2.665304\cdots \\
1.41421 < \sqrt{2} < 1.41422 & \Rightarrow & 2.665138\cdots = 2^{1.41421} < 2^{\sqrt{2}} < 2^{1.41422} = 2.665156\cdots \\
1.414213 < \sqrt{2} < 1.414214 & \Rightarrow & 2.665143\cdots = 2^{1.414213} < 2^{\sqrt{2}} < 2^{1.414214} = 2.665145\cdots \\
1.4142135 < \sqrt{2} < 1.4142136 & \Rightarrow & 2.665144\cdots = 2^{1.4142135} < 2^{\sqrt{2}} < 2^{1.4142136} = 2.665144\cdots \\
\vdots & & \vdots
\end{array}$$

이때 2^1, $2^{1.4}$, $2^{1.41}$, $2^{1.414}$, $2^{1.4142}$, $2^{1.41421}$, $2^{1.414213}$, $2^{1.4142135}$, $\cdots$와 같은 유리 지수를 갖는 수열은 $2^{\sqrt{2}}$보다는 작지만 점점 커지는 것을 알 수 있다. 또한 2^2, $2^{1.5}$, $2^{1.42}$, $2^{1.415}$, $2^{1.4143}$, $2^{1.41422}$, $2^{1.414214}$, $2^{1.4142136}$, $\cdots$ 수열은 $2^{\sqrt{2}}$보다는 크지만 점점 작아지는 것을 알 수 있다. 이와 같은 두 수열은 동일한 실수로 수렴하는 것으로 알려져 있으며 그 극한을 $2^{\sqrt{2}}$으로 정의할 수 있다. 소수점 아래 6자리까지만 생각하면 두 수열은 동일한 수 2.665144에 수렴한다. 즉 소수점 아래 6자리에서 $2^{\sqrt{2}} = 2.665144$이다. 그리고 유효숫자 20자리로 근삿값을 구하면

$$2^{\sqrt{2}} = 2.6651441426902251886 5\cdots$$

인 순환하지 않는 무한소수이다. 이와 같이 양의 실수 $a\,(a \neq 1)$에 대하여 무리수 r을 지수로 갖는 a^r은 순환하지 않는 무한소수이다. 그러나 $a < 0$이면 무리수 r에 대하여 a^r은 실수가 아닌 복소수이다. 예를 들어

$$(-2)^{\sqrt{2}} = -0.70960886\cdots - i(2.568939189\cdots)$$

이고 $0^{\sqrt{2}} = 0$이다. 따라서 임의의 실수 r과 $a > 0$에 대하여 실수 a^r이 정의되며 다음과 같이 실수 지수로 지수법칙을 일반화할 수 있다.

지수법칙으로 알려진 거듭제곱에 대한 성질과 거듭제곱근의 성질을 알아보자.

| 정리 8.13 | 임의의 양의 실수 a, b와 임의의 실수 p, q에 대하여

(1) $a^p a^q = a^{p+q}$ (2) $a^p \div a^q = a^{p-q}$

(3) $(a^p)^q = a^{pq}$ (4) $(ab)^p = a^p b^p$

(5) $\left(\frac{a}{b}\right)^p = \frac{a^p}{b^p} \quad (b \neq 0)$

예제 8.14 다음을 간단히 하여라.

(1) $2^{\frac{1}{2}} \cdot 4^{\frac{3}{4}}$ (2) $\left(\frac{1}{3}\right)^{-2} \div \sqrt{3}$ (3) $\sqrt[3]{\sqrt{81}}$

풀이 (1) $4^{\frac{3}{4}} = (2^2)^{\frac{3}{4}} = 2^{2 \cdot \frac{3}{4}} = 2^{\frac{3}{2}}$이므로

$$2^{\frac{1}{2}} \cdot 4^{\frac{3}{4}} = 2^{\frac{1}{2}} \cdot 2^{\frac{3}{2}} = 2^{\frac{1}{2}+\frac{3}{2}} = 2^{\frac{4}{2}} = 2^2 = 4$$

(2) $\left(\frac{1}{3}\right)^{-2} = (3^{-1})^{-2} = 3^{(-1)\cdot(-2)} = 3^2$이므로

$$\left(\frac{1}{3}\right)^{-2} \div \sqrt{3} = 3^2 \div 3^{\frac{1}{2}} = 3^{2-\frac{1}{2}} = 3^{\frac{3}{2}} = 3\sqrt{3}$$

(3) $\sqrt[3]{\sqrt{81}} = (\sqrt{81})^{\frac{1}{3}} = (81^{\frac{1}{2}})^{\frac{1}{3}} = 81^{\frac{1}{6}} = (3^4)^{\frac{1}{6}} = 3^{\frac{4}{6}} = 3^{\frac{2}{3}} = \sqrt[3]{9}$ ■

예제 8.15 다음을 간단히 하여라. 단, $a > 0, b > 0$이다.

(1) $\sqrt{a^3}\sqrt[6]{a^3}$ (2) $\sqrt[4]{a^{-16}b^8}$

풀이 (1) $\sqrt{a^3}\sqrt[6]{a^3} = a^{\frac{3}{2}}a^{\frac{3}{6}} = a^{\frac{3}{2}+\frac{1}{2}} = a^{\frac{4}{2}} = a^2$

(2) $\sqrt[4]{a^{-16}b^8} = (a^{-16}b^8)^{\frac{1}{4}} = (a^{-16})^{\frac{1}{4}}(b^8)^{\frac{1}{4}} = a^{\frac{-16}{4}}b^{\frac{8}{4}} = a^{-4}b^2 = \frac{b^2}{a^4}$ ■

정의 8.14

임의의 실수 $a > 0$이고 $a \neq 1$이라 하자. x가 실수일 때

$$y = a^x$$

을 **지수함수**라고 한다. 이때 a를 **밑**, x를 **지수**라고 한다.

지수함수의 정의역은 $\mathbb{R}$ 이고 치역은 $\{y \mid y > 0\}$ 이다. 지수함수의 그래프 모양은 밑 a에 따라 $a > 1$인 경우 $y = a^x$은 증가함수이고, $0 < a < 1$인 경우 $y = a^x$은 감소함수이다. 그래프는 점 (0, 1)을 지나고 x축을 점근선으로 갖는다.

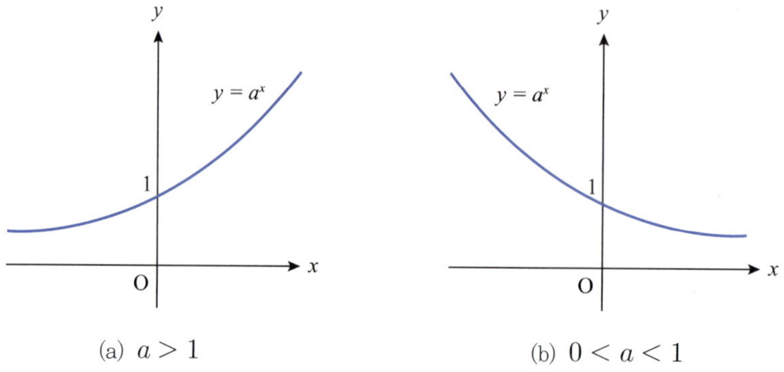

그림 8.27 $y = a^x$의 그래프

그림 8.28과 같이 $a > 1$이면 a가 커질수록 그래프의 모양은 가파르게 증가한다. 그리고 $0 < a < 1$이면 a가 커질수록 그래프의 모양은 완만하게 감소한다.

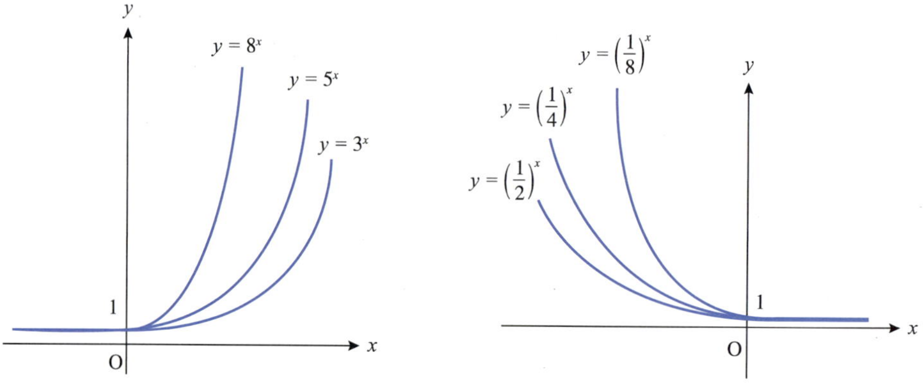

그림 8.28 a에 따른 $y = a^x$의 그래프

무리수 e는 다음과 같이 수열의 극한으로 정의된다.

$$\lim_{n \to \infty}\left(1 + \frac{1}{n}\right)^n = e \approx 2.7182818284590452\cdots$$

e를 밑으로 하는 지수함수

$$f(x) = e^x$$

을 **자연지수함수**라 하고 $e>1$이므로 그래프는 그림 8.29와 같이 $a>1$인 지수함수의 성질을 갖는다.

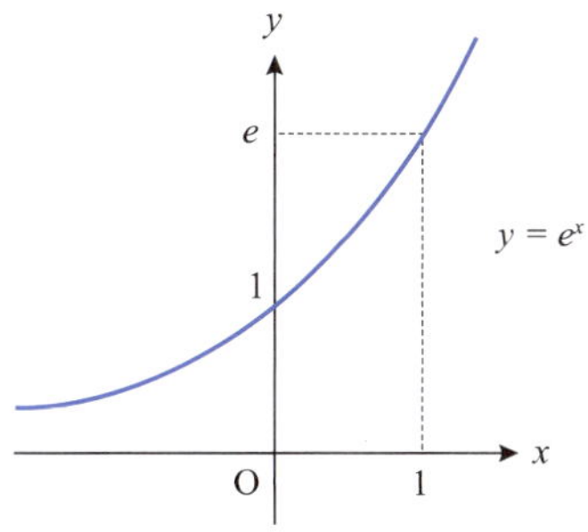

그림 8.29 $y=e^x$의 그래프

예제 8.16 다음 지수함수의 그래프를 그려라.

(1) $y=3^{-x}$　　(2) $y=-5^x$

(3) $y=-4^{-x}$　　(4) $y=\frac{1}{2}e^{-x}-2$

풀이 (1) $y=3^{-x}=\left(\frac{1}{3}\right)^x$이므로 밑이 $\frac{1}{3}$인 지수함수의 그래프이다.

(2) $y=-5^x$의 그래프는 $y=5^x$의 그래프를 x축에 대칭한 그래프이다.

(3) $y=-4^{-x}=-\left(\frac{1}{4}\right)^x$의 그래프는 $y=\left(\frac{1}{4}\right)^x$의 그래프를 x축에 대칭한 그래프이다.

(4) $y=\frac{1}{2}e^{-x}-2$의 그래프는 $y=\frac{1}{2}e^{-x}$의 그래프를 -2만큼 수직 이동한 것이다. 이때 y절편은 $(0,\ -\frac{3}{2})$이다.

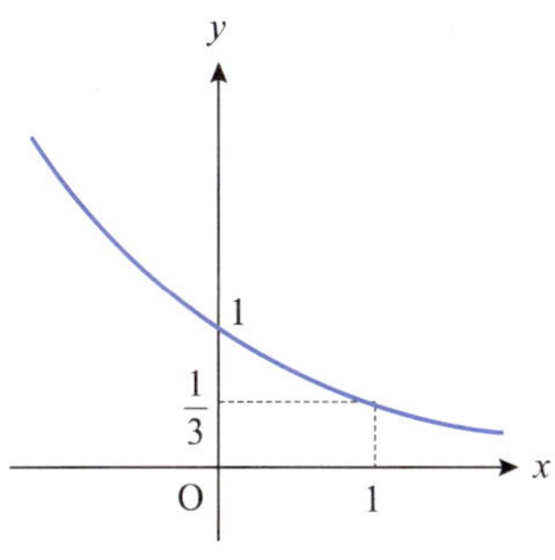

그림 8.30 $y=3^{-x}$의 그래프

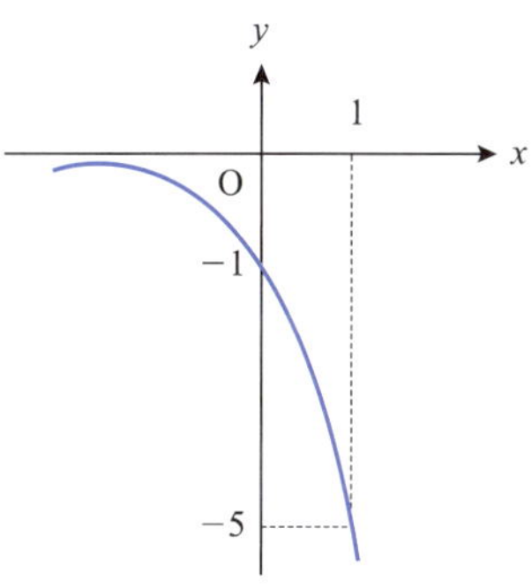

그림 8.31 $y=-5^x$ 의 그래프

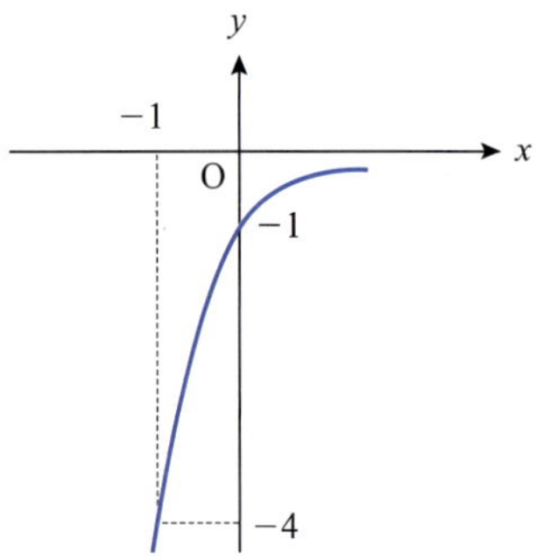

그림 8.32 $y=-4^{-x}$의 그래프

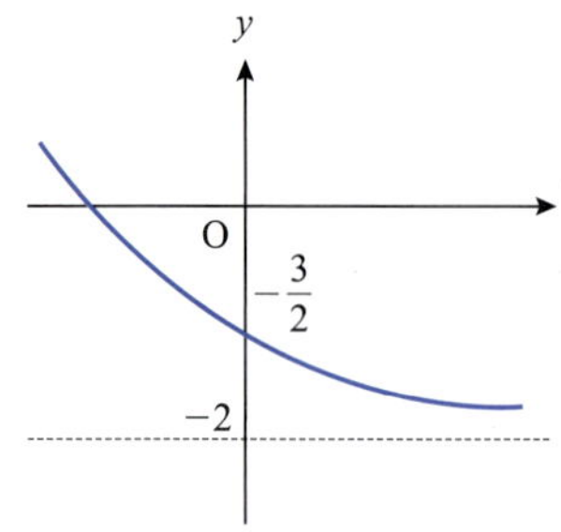

그림 8.33 $y=\frac{1}{2}e^{-x}-2$의 그래프 ■

한편 $a>0$, $a\neq 1$에 대하여 $f(x)=a^x$은 증가하거나 감소하는 함수이고 $f:\mathbb{R}\to(0,\ \infty)$인 전단사함수이므로 역함수 $f^{-1}:(0,\ \infty)\to\mathbb{R}$을 갖는다. 이때 이 역함수를 밑이 a인 로그함수라 하고 $\log_a$로 나타낸다. 즉, 지수함수와 로그함수는 서로 역함수 관계이며 다음이 성립한다.

$$y=a^x \Leftrightarrow x=\log_a y$$

정의 8.15

$a>0$이고 $a\neq 1$이라 하자. x가 양의 실수일 때

$$y=\log_a x$$

을 **로그함수**라 한다. 이때 a를 **밑**, x를 **진수**라 한다. 특히, $a=e$일 때를 **자연로그함수**라 하고 다음과 같이 표현한다.

$$y=\log_e x=\ln x$$

지수함수의 역함수인 로그함수의 정의역은 $\{x \mid x>0\}$이고 치역은 $\mathbb{R}$이다. 로그함수의 그래프는 밑 a에 따라 $a>1$인 경우 $y=\log_a x$는 증가하고, $0<a<1$인 경우 $y=\log_a x$는 감소한다. 역함수 관계에 있는 두 함수는 $y=x$에 관하여 대칭이므로 그림 8.34와 같다. 로그함수는 점 $(1,\ 0)$을 항상 지나고 y축을 점근선으로 갖는다.

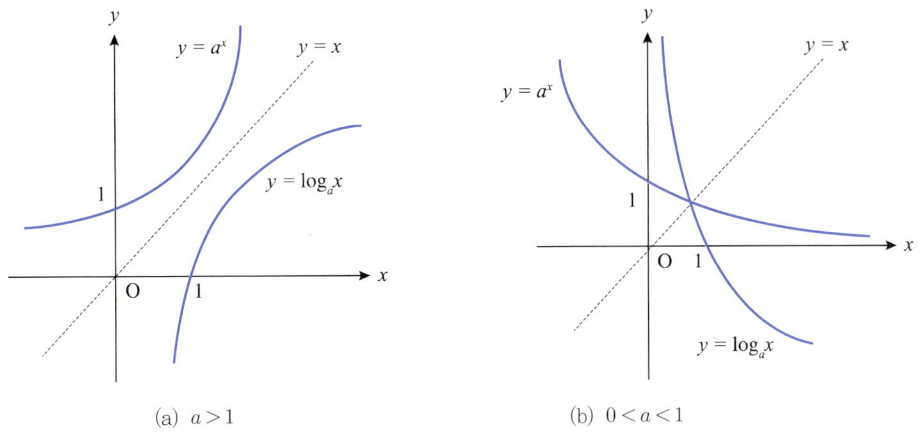

그림 8.34 지수함수와 로그함수의 관계

예제 8.17 다음 로그함수의 정의역을 구하여라.

(1) $y = \log_3(5x - 2)$ (2) $y = \log_5(x^2 - 4x)$

풀이 진수는 반드시 양의 값을 가져야 한다.

(1) $5x - 2 > 0$이어야 하므로 $x > \dfrac{2}{5}$가 정의역이다.

(2) $x^2 - 4x = x(x-4) > 0$이어야 하므로 $x > 4$ 또는 $x < 0$가 정의역이다. ■

앞에서 다룬 지수법칙을 역으로 이용하면 다음의 기본적인 로그 성질을 얻을 수 있다.

| 정리 8.16 | $a > 0$, $a \neq 1$이고 $x > 0$, $y > 0$일 때 다음이 성립한다.

(1) $\log_a a^x = x$, $a^{\log_a x} = x$

(2) $\log_a 1 = 0$, $\log_a a = 1$

(3) $\log_a xy = \log_a x + \log_a y$

(4) $\log_a \left(\dfrac{x}{y}\right) = \log_a x - \log_a y$

(5) $\log_a x^m = m \log_a x$ (m은 실수)

(6) $\log_a x = \dfrac{\log_c x}{\log_c a}$ (단, $c \neq 1$인 양수)

(7) $\log_a b = \dfrac{1}{\log_b a}$ (단, $b \neq 1$인 양수)

(8) $\log_{a^n} x^m = \dfrac{m}{n}\log_a x$

(9) $a^{\log_c x} = x^{\log_c a}$ (단, $c \neq 1$인 양수)

예제 8.18 다음 식을 간단히 하여라.

(1) $\log_2 16 + \log_2 32$ (2) $\log_{27}3 - \log_{81}3$

(3) $\log_{32} 4 + 4^{\log_4 2}$ (4) $\dfrac{1}{3}\log_3 6 - \log_3 \dfrac{\sqrt[3]{6}}{9}$

풀이 정리 8.16의 로그 성질을 이용하면

(1) $\log_2 16 + \log_2 32 = \log_2 2^4 + \log_2 2^5 = 4\log_2 2 + 5\log_2 2 = 4 + 5 = 9$

(2) $\log_{27}3 - \log_{81}3 = \dfrac{1}{\log_3 27} - \dfrac{1}{\log_3 81} = \dfrac{1}{\log_3 3^3} - \dfrac{1}{\log_3 3^4}$

$= \dfrac{1}{3\log_3 3} - \dfrac{1}{4\log_3 3} = \dfrac{1}{3} - \dfrac{1}{4} = \dfrac{1}{12}$

(3) $\log_{32} 4 + 4^{\log_4 2} = \log_{2^5} 2^2 + 2^{\log_4 4} = \dfrac{2}{5} + 2 = \dfrac{12}{5}$

(4) $\dfrac{1}{3}\log_3 6 - \log_3 \dfrac{\sqrt[3]{6}}{9} = \log_3 \sqrt[3]{6} - (\log_3 \sqrt[3]{6} - \log_3 9) = \log_3 3^2 = 2\log_3 3 = 2$

■

예제 8.19 정리 8.16의 식 (6)이 성립함을 보여라. 이때, 이 식을 **밑의 변환공식**이라 한다.

$$\log_a x = \frac{\log_c x}{\log_c a}$$

풀이 $\log_a x = y$라 하면 $a^y = x$이고, 양변에 c를 밑으로 하는 로그를 취하면

$$\log_c a^y = \log_c x$$

이다. 로그성질에 의하여

$$y\log_c a = \log_c x$$

가 성립한다. $a \neq 1$이므로 $\log_c a \neq 0$이고 따라서 다음이 성립한다.

$$y = \frac{\log_c x}{\log_c a}, \text{ 즉 } \log_a x = \frac{\log_c x}{\log_c a}$$

■

자연로그함수는 자연지수함수의 역함수라는 사실과 로그 성질 (1)과 (6)부터 자연로그에 대한 다음 성질을 얻는다.

| 따름정리 8.17 | (1) $y = \ln x \iff e^y = x$

(2) 모든 실수 x에 대하여 $\ln(e^x) = x$

(3) 모든 양의 실수 x에 대하여 $e^{\ln x} = x$

(4) $\log_a x = \dfrac{\log_e x}{\log_e a} = \dfrac{\ln x}{\ln a}$

예제 8.20 다음 식을 간단히 하여라.

(1) $\log_4(a-b) - \log_2(a+b)$ (2) $\ln e^{x+y} - \ln e^{x-y}$

풀이 (1)
$$\begin{aligned}\log_4(a-b) - \log_2(a+b) &= \log_{2^2}(a-b) - \log_2(a+b)\\ &= \frac{1}{2}\log_2(a-b) - \log_2(a+b)\\ &= \log_2(a-b)^{1/2} - \log_2(a+b)\\ &= \log_2\left(\frac{\sqrt{a-b}}{a+b}\right)\end{aligned}$$

(2)
$$\begin{aligned}\ln e^{x+y} - \ln e^{x-y} &= (x+y)\ln e - (x-y)\ln e\\ &= x+y-(x-y) = 2y\end{aligned}$$
■

예제 8.21 다음 식을 자연로그를 이용하여 간단히 하여라.

$$\log_2(x^2-y^2) - \log_4(x-y)$$

풀이 $\log_2(x^2-y^2) = \dfrac{\ln((x+y)(x-y))}{\ln 2} = \dfrac{\ln(x+y)+\ln(x-y)}{\ln 2}$ 이고

$\log_4(x-y) = \dfrac{\ln(x-y)}{\ln 4} = \dfrac{\ln(x-y)}{2\ln 2}$ 이므로

$$\begin{aligned}\log_2(x^2-y^2) - \log_4(x-y) &= \frac{\ln(x+y)+\ln(x-y)}{\ln 2} - \frac{\ln(x-y)}{2\ln 2}\\ &= \frac{1}{\ln 2}\left(\ln(x+y)+\ln(x-y) - \frac{1}{2}\ln(x-y)\right)\\ &= \frac{1}{\ln 2}\left(\ln(x+y) + \frac{1}{2}\ln(x-y)\right)\\ &= \frac{\ln\left((x+y)\sqrt{x-y}\right)}{\ln 2}\end{aligned}$$
■

예제 8.22 다음 함수의 역함수를 $f^{-1}(x)$라 할 때, $f^{-1}(3)$을 구하여라.

(1) $f(x) = 3^{3x-1}$ (2) $f(x) = \log_3(x^3 - 37)$

풀이 $f^{-1}(3) = a$라 할 때 $f(a) = 3$인 a를 찾는다.

(1) $f(a) = 3^{3a-1} = 3$이므로 $3a - 1 = 1$이다. 따라서 $a = \dfrac{2}{3}$이다.

(2) $f(a) = \log_3(a^3 - 37) = 3$이므로 로그 성질에 의해 $a^3 - 37 = 3^3$이다. 따라서 $a^3 = 64 = 4^3$이므로 $a = 4$이다. ■

예제 8.23 다음 함수의 정의역과 치역을 찾고 역함수를 구하여라.

(1) $y = e^{x-3} + 1$ (2) $y = \log_2(2x - 4)$

풀이 (1) $f(x) = e^{x-3} + 1$의 그래프는 $y = e^x$의 그래프를 오른쪽으로 3만큼 수평 이동하고 위쪽으로 1만큼 수직 이동한 그래프이다. 따라서 정의역은 $\mathbb{R}$이고 치역은 $y > 1$이다. 즉 $f : \mathbb{R} \to (1, \infty)$인 전단사함수이다. 역함수를 구하기 위해 y에 대한 식을 구하면

$$\begin{aligned} e^{x-3} &= y - 1 \\ \ln e^{x-3} &= \ln(y-1) \\ (x-3)\ln e &= \ln(y-1) \\ x &= \ln(y-1) + 3 \end{aligned}$$

이다. x와 y를 바꾸면

$$y = \ln(x-1) + 3$$

을 얻는다. 따라서 역함수는 $f^{-1}(x) = \ln(x-1) + 3$이다.

(2) 로그함수의 진수는 $2x - 4 > 0$이므로 정의역은 $x > 2$이다. 즉 $f : (2, \infty) \to \mathbb{R}$ 인 전단사함수이다. 역함수를 구하기 위해 y에 대한 식을 구하면

$$2x - 4 = 2^y$$

$$x = \frac{1}{2}(2^y + 4) = 2^{y-1} + 2$$

이다. x와 y를 바꾸면

$$y = 2^{x-1} + 2$$

를 얻는다. 따라서 역함수는 $f^{-1}(x) = 2^{x-1} + 2$이다. ■

연습문제

1 다음 함수의 정의역과 치역을 구하여라.

(1) $y=\sqrt{x+1}$ (2) $y=\sqrt[3]{x+1}$

(3) $y=\dfrac{1}{\sqrt{x+1}}$ (4) $y=\dfrac{1}{\sqrt[7]{x+1}}$

(5) $y=\sqrt{x-1}+2$ (6) $y=1-\sqrt{-x^2+4}$

(7) $y=\dfrac{x+1}{x^2-3x-4}$ (8) $y=\dfrac{1}{\sqrt{4-x^2}}$

(9) $y=\sqrt[4]{x^2-2x-3}$ (10) $y=\sqrt[5]{x^2-2x-3}$

2 $f(x)=4-x^2$, $g(x)=\sqrt{x}$일 때 다음 함수와 정의역을 구하여라.

(1) $f\circ g$ (2) $g\circ f$ (3) $f\circ f$ (4) $g\circ g$

3 다음 함수가 전단사함수인지를 판정하여라.

(1) $f:[-1,\ 2]\to[0,\ 3]$, $f(x)=|1-x^2|$

(2) $g:[2,\ 3]\to[9,\ 16]$, $g(x)=(x+1)^2$

(3) $h:[1,\ \infty)\to[0,\ \infty)$, $h(x)=\sqrt{x-1}$

(4) $i:[-1,\ 2]\to\left[\dfrac{1}{4},\ 1\right]$, $i(x)=\dfrac{1}{x+2}$

4 다음 함수 $f(x)$에 대하여 주어진 방향으로 이동한 함수 $g(x)$를 구하여라.

(1) $f(x)=3x+1$을 위로 3만큼, 오른쪽으로 1만큼 이동한 함수

(2) $f(x)=\sqrt{x+2}$를 아래로 3만큼, 왼쪽으로 1만큼 이동한 함수

(3) $f(x)=|x|$를 -2만큼 수직 이동하고, -1만큼 수평 이동한 함수

(4) $f(x)=-2x^2+1$을 x축에 대하여 대칭 이동하고, 아래로 2만큼 이동한 함수

(5) $f(x)=\dfrac{2}{x}$를 3만큼 수직 이동하고, 원점에 대하여 대칭 이동한 함수

5 다음 함수의 역함수를 구하여라.

(1) $y=3x^5+10$ (2) $y=x^2-2x$, $x\in[1,\ \infty)$

(3) $y=\dfrac{x-1}{2x+1}$ (4) $y=\sqrt{x-1}+3$

6 다음 식을 간단히 하여라.

(1) $\sqrt{2} \div \sqrt[3]{4} \times \sqrt[5]{64}$ (2) $\sqrt[3]{9} \times \sqrt{3} \div \sqrt[6]{81}$

(3) $2^{\log_2 8}$ (4) $e^{\ln 3} \div e^{\ln 6}$

(5) $\log_2 x - \log_4(x-2)$ (6) $-\ln(e+1) + \ln(e^2+e)$

(7) $e^{-2\ln 5}$ (8) $\ln(\ln e^{e^{10}})$

(9) $2^{(\log_2 3 + \log_2 5)}$ (10) $\log_{\frac{1}{2}}(\sqrt{3}-\sqrt{2}) + \log_2(\sqrt{3}+\sqrt{2})$

7 다음 함수의 역함수를 구하고, 그 정의역을 구하여라.

(1) $y = 2^{x+1} - 3$ (2) $y = 3^{-x+1} + 5$

(3) $y = e^x + e^{-x}$ $(x > 0)$ (4) $y = \sqrt{3 - e^{2x}}$

(5) $y = \ln(x+3)$ (6) $y = \log_2(x^3+1)$

8 다음 함수의 역함수를 $f^{-1}(x)$라 할 때, $f^{-1}(4)$를 구하여라.

(1) $f(x) = 2^{2x+1} - 4$ (2) $f(x) = \dfrac{2^x+1}{2^x-1}$

9 두 우함수의 곱과 두 기함수의 곱은 우함수임을 증명하여라.

10 함수 $f(x) = \ln(x + \sqrt{x^2+1})$라 하자.

(1) 함수 $f(x)$의 정의역을 구하여라.

(2) f는 기함수임을 보여라.

(3) f의 역함수를 구하여라.

9 방정식과 부등식

신의 생각을 나타내는 게 아니라 그저 나만을 위한 방정식이라면 아무 의미도 없다.

–라마누잔(S. Ramanujan)

9.1 분수방정식과 분수부등식

식 $\frac{2}{x-2}+\frac{x}{x^2-1}=1$과 같이 미지수에 관한 분수식을 포함하는 방정식을 **분수방정식**이라 하고, 식 $\frac{1}{x-3}+\frac{2x}{x+1}\le x$와 같이 미지수에 관한 분수식을 포함하는 부등식을 **분수부등식**이라 한다. 분수방정식과 분수부등식은 모두 분수식을 다항식으로 고쳐서 푼다. 먼저 분수방정식을 푸는 방법을 알아보자. 분수방정식은 양변에 분모의 최소공배수를 곱하면 다항방정식으로 고칠 수 있다.

예제 9.1 분수방정식 $\frac{1}{x-2}-\frac{1}{x+1}=\frac{3}{4}$의 해를 구하여라.

풀이 양변에 $4(x-2)(x+1)$을 곱하면

$$4(x+1)-4(x-2)=3(x-2)(x+1)$$

을 얻는다. 이 식을 정리하면 $0=3(x^2-x-6)$이고 인수분해하면

$$3(x-3)(x+2)=0$$

이다. 따라서 $x=3$ 또는 $x=-2$이다. 주어진 분수방정식에 대입하면 둘 다 해가 된다. 따라서 해는 $x=3$ 또는 $x=-2$이다. ■

예제 9.2 분수방정식 $\frac{1}{x}+\frac{3}{x(x-3)}=1$의 해를 구하여라.

풀이 양변에 $x(x-3)$을 곱하면

$$x-3+3=x(x-3)$$

을 얻는다. 이 식을 정리하면 $x^2-4x=0$이고 인수분해하면

$$x(x-4)=0$$

이다. 따라서 $x=0$ 또는 $x=4$이다. 그런데 $x=0$을 주어진 분수방정식에 대입하면 분모가 0이 되므로 해가 아니다. 따라서 해는 $x=4$이다. ■

분수방정식을 다항방정식으로 고친 후 다항방정식을 풀어서 구한 해 중에는 원래 분수방정식의 해가 아닌 것이 있을 수 있는데 그 해를 **무연근**이라 한다. 무연근이 생기는 이유는 다음과 같다. 주어진 분수방정식을

$$f(x)=g(x) \tag{9.1}$$

라 하자. 그리고 양변에 분모의 최소공배수 $h(x)$를 곱해서 얻은 다항방정식을

$$h(x)f(x)=h(x)g(x) \tag{9.2}$$

이라 하자. 분수방정식 (9.1)을 풀기 위해서는 다항방정식 (9.2)를 풀면 된다. 그러나 식 (9.1)이 성립하면 식 (9.2)가 성립하지만 식 (9.2)가 성립한다고 해서 식 (9.1)이 성립하는 것은 아니다. 즉, 식 (9.2)에서 얻은 해 중에는 식 (9.1)의 해가 아닌 것이 있을 수 있다. 따라서 분수방정식을 풀 때에는 무연근을 확인하는 것이 매우 중요하다. 즉, 구한 x값이 분모에서 0을 만족하는 해이면 무연근으로 반드시 제거되어야 한다.

예제 9.3 분수방정식 $\dfrac{2}{(x^2+3x)^2-1}-\dfrac{1}{x^2+3x-1}=1$의 해를 구하여라.

풀이 $x^2+3x=X$로 치환하면 분수방정식

$$\frac{2}{X^2-1}-\frac{1}{X-1}=1$$

을 얻는다. 양변에 X^2-1을 곱하면

$$2-(X+1)=X^2-1$$

이다. 이 식을 정리하면 $X^2+X-2=0$이고 인수분해하면

$$(X+2)(X-1)=0$$

이다. 따라서 $X=-2$ 또는 $X=1$이다. 그런데 $X=1$은 무연근이므로 해는 $X=-2$이다. 그러므로 $x^2+3x=-2$를 정리하면 $(x+2)(x+1)=0$이므로 해는 $x=-2$ 또는 $x=-1$이다. ■

예제 9.4 분수방정식 $\frac{1}{x-1}-\frac{2}{x-2}=\frac{a}{x^2-3x+2}$가 근을 갖지 않을 때, 실수 a의 값을 구하여라.

풀이 양변에 $(x-1)(x-2)$를 곱하면

$$(x-2)-2(x-1)=a$$

이다. 따라서 $x=-a$이다. 분수방정식의 근이 존재하지 않으려면 $-a$가 무연근이어야 하므로 $-a=1$ 또는 $-a=2$이다. 따라서 $a=-1$ 또는 $a=-2$이다. ■

예제 9.5 강물이 흐르는 속력은 매시 $4\,\mathrm{km}$이다. 이 강을 따라 $5\,\mathrm{km}$의 거리를 배로 왕복하는데 걸린 시간이 1시간 40분이다. 잔잔한 강물 위에서 이 배의 속력을 구하여라.

풀이 구하는 배의 속력을 $x\,\mathrm{km/h}$라 하면 강물을 거슬러 올라갈 때 걸리는 시간은 $\frac{5}{x-4}$시간이고 강물을 따라 내려올 때 걸리는 시간은 $\frac{5}{x+4}$시간이다. 따라서

$$\frac{5}{x-4}+\frac{5}{x+4}=\frac{5}{3}$$

이다. 양변에 $(x-4)(x+4)$를 곱하면

$$5(x+4)+5(x-4)=\frac{5}{3}(x-4)(x+4)$$

이다. 이 식을 정리하면

$$x^2-6x-16=0$$

이고 인수분해하면 $(x-8)(x+2)=0$이므로 $x=8$ 또는 $x=-2$이다. 이때 배의 속력은 $4\,\mathrm{km/h}$보다 커야 강물을 거슬러 올라갈 수 있으므로 구하는 배의 속력은 $8\,\mathrm{km/h}$이다. ■

분수부등식을 풀 때에도 양변에 적당한 식을 곱하여 다항부등식으로 고친 후 풀면 된다. 부등식은 양변에 곱하는 식의 부호에 따라 부등식의 방향이 변할 수 있다. 따라서 부호가 항상 양수인 식을 양변에 곱해야 주어진 부등식의 부호가 변하지 않는다.

예제 9.6 분수부등식 $x-1 \geq \dfrac{12}{x-2}$를 풀어라.

풀이 양변에 항상 양수인 식 $(x-2)^2$을 곱하면

$$(x-1)(x-2)^2 \geq 12(x-2)$$

이다. 이 식을 정리하면 $x^3-5x^2-4x+20 \geq 0$이고 인수분해하면

$$(x+2)(x-2)(x-5) \geq 0$$

이다. 따라서 이 부등식의 구하는 해는 $-2 \leq x \leq 2$ 또는 $x \geq 5$이다. 그런데 $x=2$는 주어진 분수부등식의 분모를 0이 되게 하므로 해가 아니다. 그러므로 주어진 분수부등식의 해는 $-2 \leq x < 2$ 또는 $x \geq 5$이다. ■

예제 9.7 분수부등식 $1 < \dfrac{2x}{x+2} \leq x$를 풀어라.

풀이 양변에 $(x+2)^2$을 곱하면

$$(x+2)^2 < 2x(x+2) \leq x(x+2)^2$$

이다. 이 부등식의 해는 $(x+2)^2 < 2x(x+2)$와 $2x(x+2) \leq x(x+2)^2$을 동시에 만족시키는 x의 범위이다. 부등식 $(x+2)^2 < 2x(x+2)$를 전개하여 인수분해하면

$$(x+2)(x-2) > 0$$

이고 따라서 해는

$$x < -2 \text{ 또는 } x > 2$$

이다. 부등식 $2x(x+2) \leq x(x+2)^2$을 전개하여 인수분해하면

$$x^2(x+2) \geq 0$$

이고 따라서 해는

$$x \geq -2$$

이다. 두 영역의 공통부분을 구하면 $x > 2$이다. 이 영역에는 주어진 분수부등식

의 분모를 0으로 하는 값이 없으므로 $x > 2$가 분수부등식의 해이다. ■

예제 9.8 농도가 7%인 소금물 500 g에 물을 더 넣어서 농도가 4%와 6% 사이가 되도록 만들려고 한다. 넣어야 할 물의 양을 구하여라.

풀이 소금물에 들어 있는 소금의 양은 $500 \times \frac{7}{100} = 35\,\mathrm{g}$이다. 물 x g을 더 넣었다고 하면 농도는 $\frac{35}{500+x}$이므로 부등식

$$\frac{4}{100} \le \frac{35}{500+x} \le \frac{6}{100}$$

을 풀면 된다. x는 물의 양이므로 양수이다. 따라서 $500+x$가 양수이므로 양변에 $500+x$를 곱하여 이 부등식을 풀면

$$\frac{250}{3} \le x \le 375$$

이다. 따라서 넣어야 할 물의 양은 $\frac{250}{3}$ g 이상 375 g 이하이다. ■

9.2 무리방정식

식 $\sqrt{x^2-2} = x-1$과 같이 미지수에 관한 무리식을 포함하는 방정식을 **무리방정식**이라 한다. 무리방정식을 푸는 과정도 분수방정식을 푸는 과정과 마찬가지로 다항방정식으로 고쳐서 풀면 된다.

예제 9.9 무리방정식 $\sqrt{x^2-2} = x-1$의 해를 구하여라.

풀이 주어진 방정식의 양변을 제곱하면

$$x^2 - 2 = x^2 - 2x + 1$$

이 된다. 이 식을 정리하면 $2x = 3$이므로 $x = \frac{3}{2}$이다. 이것을 주어진 무리방정식에 대입하면 등식이 성립한다. 따라서 해는 $x = \frac{3}{2}$이다. ■

예제 9.10 무리방정식 $x+\sqrt{x-2}=4$의 해를 구하여라.

풀이 이항하면 $\sqrt{x-2}=4-x$이고 양변을 제곱하면

$$x-2=16-8x+x^2$$

이다. 이 식을 정리하여 인수분해하면 $(x-3)(x-6)=0$이므로 $x=3$ 또는 $x=6$이다. 그런데 $x=6$을 주어진 무리방정식에 대입하면 좌변이 8이 되므로 등식이 성립하지 않는다. 그리고 $x=3$을 대입하면 좌변이 4이므로 식이 성립한다. 따라서 해는 $x=3$이다. ■

분수방정식과 마찬가지로 무리방정식을 다항방정식으로 고친 후 다항방정식을 풀어서 구한 해 중에는 원래 무리방정식의 해가 아닌 것이 있을 수 있는데 그 해를 **무연근**이라 한다. 무연근이 생기는 이유는 다음과 같다. 주어진 무리방정식을

$$f(x)=g(x) \tag{9.3}$$

라 하자. 그리고 양변을 제곱하여 얻은 다항방정식을

$$(f(x))^2=(g(x))^2 \tag{9.4}$$

이라 하자. 무리방정식 (9.3)을 풀기 위해서는 다항방정식 (9.4)를 풀면 된다. 식 (9.4)를 풀 때에는 $(f(x)-g(x))(f(x)+g(x))=0$을 풀면 된다. 그런데 식 (9.3)이 성립하면 식 (9.4)가 성립하지만 식 (9.4)가 성립한다고 해서 식 (9.3)이 성립하는 것은 아니다. 즉, $f(x)+g(x)=0$을 풀어서 얻은 해 중에는 식 (9.3)의 해가 아닌 것이 있을 수 있다. 따라서 무리방정식을 풀 때에도 무연근을 확인하는 것이 매우 중요하다.

예제 9.11 무리방정식 $\sqrt{x^2-2x+10}+x^2-2x=2$의 해를 구하여라.

풀이 $x^2-2x=X$로 두면 주어진 무리방정식은

$$\sqrt{X+10}+X=2$$

가 된다. 이항하면 $\sqrt{X+10}=2-X$이고 양변을 제곱하면

$$X+10=4-4X+X^2$$

이다. 이 식을 정리하여 인수분해하면 $(X-6)(X+1)=0$이므로 $X=6$ 또는

$X=-1$이다. 그런데 $X=6$은 무연근이므로 해는 $X=-1$이다. $x^2-2x=-1$을 풀면 $x=1$이다. ■

무리방정식의 무연근은 그래프를 이용하여 확인할 수도 있다. 예를 들어 무리방정식 $\sqrt{x+1}=1-x$의 해는 두 함수 $y=\sqrt{x+1}$과 $y=1-x$의 교점의 x좌표이므로 $x=0$이다. 그러나 양변을 제곱하여 풀면 $y=-\sqrt{x+1}$과 $y=1-x$의 교점인 $x=3$도 해로 나타나게 되는데 이 값은 원래 무리방정식의 해가 아니다.

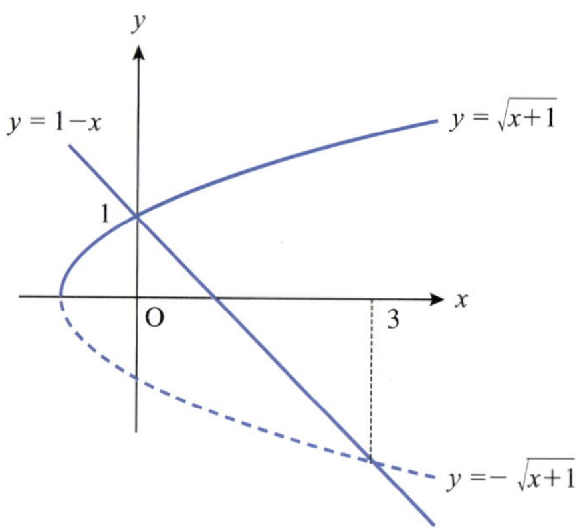

예제 9.12 직각을 낀 한 변의 길이가 4 cm이고, 둘레의 길이가 12 cm인 직각삼각형의 나머지 두 변의 길이를 구하여라.

풀이 직각삼각형의 빗변의 길이를 x cm라 하면 나머지 두 변의 길이는 4 cm, $\sqrt{x^2-16}$ cm이다.

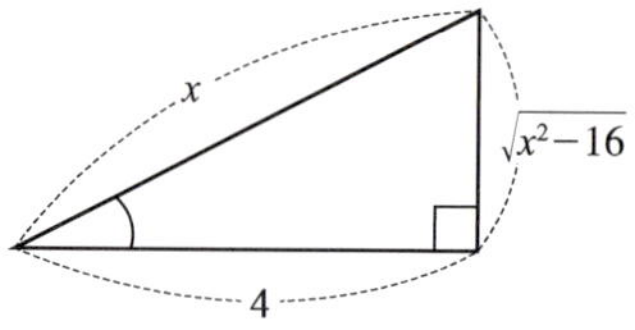

따라서

$$4+x+\sqrt{x^2-16}=12$$

이다. 이항하면 $\sqrt{x^2-16}=8-x$이고 양변을 제곱하면

$$x^2-16=64-16x+x^2$$

이다. 이 식을 정리하여 풀면 $x=5$이다. 그리고 나머지 한 변의 길이는 $\sqrt{5^2-16}=3$이다. ■

9.3 지수방정식과 지수부등식

식 $2^x=8$과 같이 지수에 미지수가 포함된 방정식을 **지수방정식**이라 하고, 식 $3^{x-1}\le 27$과 같이 지수에 미지수가 포함된 부등식을 **지수부등식**이라 한다. 먼저 지수방정식의 풀이법에 대하여 알아보자.

양변의 밑수를 같게 표현할 수 있는 지수방정식은 다음 성질을 이용하면 쉽게 풀 수 있다.

$$a>0\text{이고 } a\neq 1\text{일 때 } a^x=a^y \Leftrightarrow x=y$$

예제 9.13 다음 지수방정식을 풀어라.

(1) $4^x=128$ (2) $\left(\frac{1}{3}\right)^{x-1}=9\sqrt{3}$ (3) $e^{3x}-e^{\frac{1}{x}}=0$

풀이 (1) $4^x=2^{2x}$이고 $128=2^7$이므로

$$2^{2x}=2^7$$

이다. 따라서 $2x=7$이고 $x=\frac{7}{2}$이다.

(2) $\left(\frac{1}{3}\right)^{x-1}=3^{1-x}$이고 $9\sqrt{3}=3^{\frac{5}{2}}$이므로

$$3^{1-x}=3^{\frac{5}{2}}$$

이다. 따라서 $1-x=\frac{5}{2}$이고 $x=-\frac{3}{2}$이다.

(3) 주어진 방정식에서 $e^{3x}=e^{\frac{1}{x}}$이므로

$$3x=\frac{1}{x}$$

인 분수방정식을 얻는다. 양변에 x를 곱하면 $3x^2=1$이므로

해는 $x = \pm\dfrac{1}{\sqrt{3}}$이다. ■

예제 9.14 지수방정식 $9^x - 12 \cdot 3^x + 27 = 0$을 풀어라.

풀이 $3^x = X$로 두면 $9^x = X^2$이므로 주어진 지수방정식은

$$X^2 - 12X + 27 = 0$$

이 된다. 인수분해하면 $(X-9)(X-3) = 0$이므로 $X = 9$ 또는 $X = 3$이다. 따라서 $3^x = 9$일 때 $x = 2$이고 $3^x = 3$일 때 $x = 1$이다. ■

양변의 밑수를 같게 표현할 수 없는 지수방정식은 로그를 이용하여 풀 수 있다.

예제 9.15 다음 지수방정식을 풀어라.

(1) $2^{3x} = 7$ (2) $e^{-0.2x} = 8$ (3) $9^x - 3 \cdot 3^x - 10 = 0$

풀이 (1) 양변에 밑수가 2인 로그를 취하면 정리 8.16에 의해

$$3x = \log_2 7$$

이다. 따라서 $x = \dfrac{1}{3}\log_2 7$이다.

(2) 양변에 자연로그를 취하면 정리 8.16에 의해 $\ln e = 1$이므로

$$-0.2x = \ln 8 = 3\ln 2$$

를 얻는다. 따라서 $x = -15\ln 2$이다.

(3) $3^x = X$로 두면 $9^x = X^2$이므로 주어진 지수방정식은

$$X^2 - 3X - 10 = 0$$

이다. 인수분해하면 $(X-5)(X+2) = 0$이므로 $X = 5$ 또는 $X = -2$이다. 그런데 $X > 0$이므로 $X = -2$는 해가 아니다. 그러므로 $3^x = 5$이고 따라서 $x = \log_3 5$이다. ■

지수부등식의 풀이법에 대하여 알아보자. 먼저 양변의 밑수를 같게 표현할 수 있는 지수부등식은 다음 성질을 이용하면 쉽게 풀 수 있다.

$$0 < a < 1\text{일 때 } a^x \le a^y \iff x \ge y$$
$$1 < a\text{일 때 } a^x \le a^y \iff x \le y$$

예제 9.16 다음 지수부등식을 풀어라.

(1) $2^{3x+1} \le 4^{x-3}$ (2) $\left(\frac{1}{3}\right)^{x+1} \le \left(\frac{1}{9}\right)^{x-2}$

풀이 (1) $4^{x-3} = 2^{2x-6}$이므로 주어진 지수부등식은

$$2^{3x+1} \le 2^{2x-6}$$

이다. 따라서 $3x+1 \le 2x-6$이므로 $x \le -7$이다.

(2) $\left(\frac{1}{9}\right)^{x-2} = \left(\frac{1}{3}\right)^{2x-4}$이므로 주어진 지수부등식은

$$\left(\frac{1}{3}\right)^{x+1} \le \left(\frac{1}{3}\right)^{2x-4}$$

이다. 따라서 $x+1 \ge 2x-4$이므로 $x \le 5$이다. ■

예제 9.17 지수부등식 $4^x + 5 \cdot 2^x - 14 \le 0$을 풀어라.

풀이 $2^x = X$로 두면 $4^x = X^2$이므로 주어진 지수부등식은

$$X^2 + 5X - 14 \le 0$$

이다. 인수분해하면 $(X+7)(X-2) \le 0$이므로 $-7 \le X \le 2$이다.
그런데 $X > 0$이므로 $0 < X \le 2$이다. 따라서 $0 < 2^x \le 2$이므로 $x \le 1$이다. ■

9.4 로그방정식과 로그부등식

식 $\log_5 x = 25$와 같이 진수에 미지수가 포함된 방정식을 **로그방정식**이라 하고, 식 $\log_3(x-2) \le 9$와 같이 진수에 미지수가 포함된 부등식을 **로그부등식**이라 한다. 먼저 로

그방정식의 풀이법에 대하여 알아보자.

로그방정식의 풀이법은 지수방정식의 풀이법과 비슷하다. 로그방정식의 양변의 밑수를 같게 표현하여 다음 성질을 이용하면 쉽게 풀 수 있다.

$$\log_a x = \log_a y \iff x = y$$

로그방정식의 경우는 진수가 양수라는 조건이 있으므로 주의해야 한다.

예제 9.18 다음 로그방정식을 풀어라.

(1) $\log_2(x^2-2) = \log_4(4x^2+4x+1)$ (2) $\log(x-5)+\log(x-2)=1$

풀이 (1) 밑수를 2로 하면 우변은

$$\log_4(4x^2+4x+1) = \log_{2^2}(2x+1)^2 = \log_2(2x+1)$$

이므로 주어진 방정식은

$$x^2-2 = 2x+1$$

을 풀면 된다. 이 식을 정리하여 인수분해하면 $(x-3)(x+1)=0$이므로 $x=3$ 또는 $x=-1$이다. 그런데 진수는 양수이어야 하므로 $x=-1$은 해가 되지 않는다. 따라서 해는 $x=3$이다.

(2) 로그의 성질에 의하여

$$\log(x-5)(x-2)=1$$

이고, 따라서 $(x-5)(x-2)=10$이다. 이 식을 정리하면 $x^2-7x=0$이다. 따라서 $x=0$ 또는 $x=7$이다. 그런데 진수는 양수이어야 하므로 $x=0$은 해가 되지 않는다. 따라서 해는 $x=7$이다. ■

예제 9.19 다음 로그방정식을 풀어라.

(1) $(\log_2 x)^2 - 12\cdot\log_2 x + 32 = 0$ (2) $(x+1)^{\log_3(x+1)+4} = 81(x+1)$

풀이 (1) $\log_2 x = X$라 두면 주어진 로그방정식은

$$X^2 - 12X + 32 = 0$$

이다. 이 식을 인수분해하면 $(X-4)(X-8)=0$이다. 따라서 $X=4$ 또는 $X=8$이고 $\log_2 x = X$이므로 $x=2^4$ 또는 $x=2^8$이다. 두 값 모두 진수의 조건을 만족하므로 해는 $x=16$ 또는 $x=256$이다.

(2) 양변에 밑수가 3인 로그를 취하면

$$[\log_3(x+1)+4]\log_3(x+1) = 4+\log_3(x+1)$$

이다. $\log_3(x+1)=X$로 두면

$$(X+4)X = 4+X$$

이다. 이 식을 정리하여 인수분해하면 $(X+4)(X-1)=0$이고 따라서 $X=-4$ 또는 $X=1$이다. $\log_3(x+1)=X$이므로 $x=-\dfrac{80}{81}$ 또는 $x=2$이다. 두 값 모두 진수의 조건을 만족하므로 해는 $x=-\dfrac{80}{81}$ 또는 $x=2$이다. ■

로그부등식의 풀이법에 대하여 알아보자. 로그부등식은 양변의 밑수를 같게 표현하여 다음 성질을 이용하면 쉽게 풀 수 있다.

$$0<a<1\text{일 때 } \log_a x \le \log_a y \iff x \ge y$$
$$1<a\text{일 때 } \log_a x \le \log_a y \iff x \le y$$

로그부등식의 경우는 진수가 양수라는 조건을 만족하는 해를 구해야 한다.

예제 9.20 다음 로그부등식을 풀어라.

(1) $\log_2(3x-2) \le \log_2(x+4)$

(2) $\log_{\frac{1}{3}}(2x^2+7x) > \log_{\frac{1}{3}}(2x+3)$

풀이 (1) 밑수가 $2>1$이므로

$$3x-2 \le x+4$$

를 풀면 된다. 따라서

$$x \le 3$$

이다. 진수 조건으로부터 $3x-2>0$이고 $x+4>0$이어야 하므로

$$\frac{2}{3}<x\text{이고 } -4<x$$

이다. 따라서 주어진 로그부등식의 해는 두 영역의 공통부분이므로

$$\frac{2}{3}<x\leq 3$$

이다.

(2) 밑수가 $\frac{1}{3}$이므로

$$2x^2+7x<2x+3$$

을 풀면 된다. 이 식을 정리하면 $2x^2+5x-3<0$이고 인수분해하여 부등식을 풀면

$$-3<x<\frac{1}{2}$$

이다. 진수 조건으로부터 $2x^2+7x>0$이고 $2x+3>0$이다. 부등식 $2x^2+7x>0$을 풀면

$$x>0 \text{ 또는 } x<-\frac{7}{2}$$

이고 부등식 $2x+3>0$을 풀면

$$x>-\frac{3}{2}$$

이다. 따라서 주어진 로그부등식의 해는 세 영역의 공통부분이므로 $0<x<\frac{1}{2}$이다. ■

예제 9.21 로그부등식 $\log_2(x+3) < \log_{\frac{1}{2}}(x-5)+1$을 풀어라.

풀이 로그의 성질 정리 8.16에 의하여

$$\log_{\frac{1}{2}}(x-5) = -\log_2(x-5)$$

이다. 따라서 주어진 로그부등식은 $\log_2(x+3) < -\log_2(x-5)+1$이다. 이항하여 로그의 성질을 이용하면

$$\log_2(x+3)(x-5) < 1$$

이다. $\log_2 2 = 1$이므로 $(x+3)(x-5) < 2$를 풀면 된다. 이 부등식을 정리하면 $x^2 - 2x - 17 < 0$이므로 해는

$$1-3\sqrt{2} < x < 1+3\sqrt{2}$$

이다. 진수 조건으로부터 $x+3 > 0$이고 $x-5 > 0$이어야 하므로

$$x > -3\text{이고 } x > 5$$

이다. 따라서 주어진 로그부등식의 해는 두 영역의 공통부분이므로

$$5 < x < 1+3\sqrt{2}$$

이다. ■

연습문제

◎ 다음 방정식의 해를 구하여라.[1~14]

1 $x^3-2x^2-5x+6=0$

2 $\dfrac{6}{x(x-2)}-\dfrac{3}{x-2}=1$

3 $x^2-2x+\dfrac{24}{x^2-2x}=11$

4 $\dfrac{x^2+3x}{2}-\dfrac{18}{x^2+3x}=8$

5 $\dfrac{1}{x-1}-\dfrac{1}{x}=\dfrac{x^2-x-1}{2}$

6 $\dfrac{1}{x+1}-\dfrac{1}{x+2}=\dfrac{1}{x+3}-\dfrac{1}{x+4}$

7 $\sqrt{2x^2+1}=7-2x$

8 $x^2+3x=-\sqrt{x^2+3x+6}$

9 $\sqrt{x+2}-\sqrt{3-x}=1$

10 $x^2-2x+\sqrt{x^2-2x-2}=4$

11 $2^{4x+2}=1024$

12 $e^{4x}-7e^{2x}-18=0$

13 $\log_3(x-5)+\log_3(x+3)=2$

14 $\log_2(\log_4 x)=8$

15 다음 방정식을 x에 관하여 풀어라.

(1) $2^{x^2-x}=8^2$

(2) $e^{2-x}-e^{1/x}=0$

(3) $e^{3-x}=5$

(4) $e^{e^x}=10$

(5) $e^x-6e^{-x}=1$

(6) $e^{2x}=4e^{3x}$

(7) $\left(\dfrac{1}{\sqrt[4]{3}}\right)^{3x}=9^{2-x}$

(8) $32^{2x}=(\sqrt{2})^{4-2x}$

(9) $\log_{\frac{1}{4}}x=\dfrac{1}{2}$

(10) $\ln(3x+4)=2$

(11) $2\log_2 x=\log_2 3+\log_2\left(\dfrac{4}{3}-x\right)$

(12) $3\ln(e^{2x})=2$

(13) $\log_2(3x+1)=2-\log_2 x$

(14) $\ln(x^2-2)=\ln(x+4)$

(15) $(\log_4 x)^2-3\log_2 x+8=0$

(16) $(x+2)^{\log_5(x+2)+4}=\dfrac{x+2}{25}$

16 분수방정식 $\dfrac{1}{x+1}+\dfrac{1}{x-2}=\dfrac{a}{x^2-x-2}$가 해를 갖지 않을 때, 실수 a의 값을 구하여라.

17 시속 2 km/h의 속력으로 일정하게 흐르는 강물을 따라 6 km의 거리를 배로 왕복하는 데 걸린 시간이 1시간 15분일 때, 잔잔한 강물 위에서 이 배의 속력을 구하여라.

18 무리방정식 $\sqrt{x-1}=x+k$가 서로 다른 두 실근을 갖기 위한 실수 k의 값의 범위를 구하여라.

◎ 다음 부등식의 해를 구하여라.[19~28]

19 $\dfrac{x(x-2)}{x+1} \geq 0$

20 $\dfrac{x^2-3x-4}{x-2} < 0$

21 $\dfrac{2}{x}+\dfrac{2}{x+1} \geq 3$

22 $\dfrac{2x^2-4x+3}{x^2-x+1} < 1$

23 $1 < \dfrac{2x-1}{3x+1} < 2$

24 $\dfrac{1}{27} < \left(\dfrac{1}{9}\right)^x \leq \dfrac{1}{3}$

25 $8^x-6\cdot 4^x+11\cdot 2^x-6 \geq 0$

26 $(\log x)^2 < \log x^3$

27 $\log_3(x-1) > \log_3(5-x)$

28 $\log_x(x^2-7x-8) \leq 2$

29 농도가 3%인 소금물 500 g에 소금을 더 넣어서 농도가 5%와 7% 사이가 되도록 만들려고 한다. 넣어야 할 소금의 양을 구하여라.

10 극한과 연속

10.1 함수의 극한

함수 $f(x)=x+1$이 아래 그림과 같이 구간 $(0.5,\ 1.5)$에서 x가 1에 가까워지면 함숫값 $f(x)$는 2에 가까워진다.

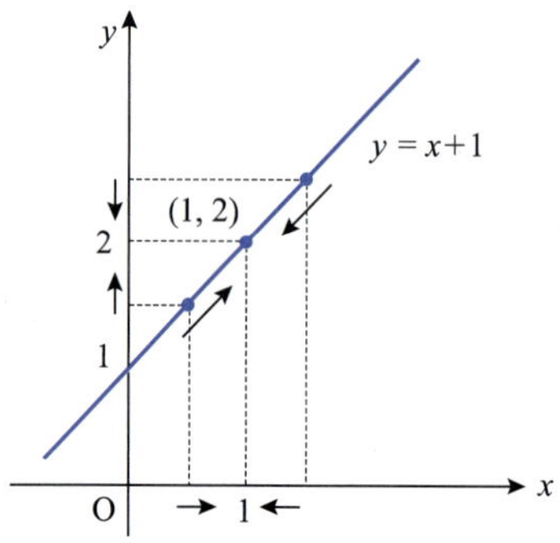

$x<1$	$f(x)$	$x>1$	$f(x)$
0.5	1.5	1.5	2.5
0.9	1.9	1.1	2.1
0.99	1.99	1.01	2.01
0.999	1.999	1.001	2.001
0.9999	1.9999	1.0001	2.0001
⋮	⋮	⋮	⋮
1	2	1	2

함숫값의 변화

정의 10.1

함수 $f: X \to \mathbb{R}$에서 a가 아닌 x가 a에 한없이 가까워질 때 함숫값 $f(x)$가 어떤 유한하고 유일한 값 L에 가까워지면 L을 $x=a$에서 f의 **극한값** 또는 **극한**이라 한다. 이것을 다음 기호로 나타낸다.

$$\lim_{x \to a} f(x) = L \text{ 또는 } x \to a\text{일 때 } f(x) \to L$$

예제 10.1 다음 극한값을 구하여라.

(1) $\lim_{x \to 2}(x^2+1)$ (2) $\lim_{x \to 1}\sqrt{2x+1}$

풀이 (1) $x \to 2$일 때 $f(x) \to 5$

(2) $x \to 1$일 때 $f(x) \to \sqrt{3}$ ■

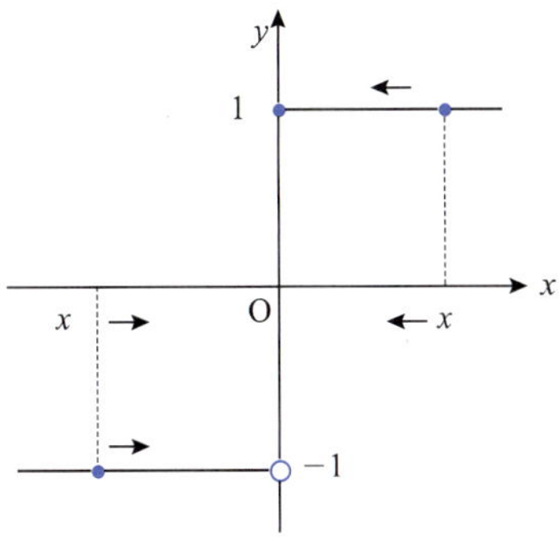

함수 $f(x)=\begin{cases}1 & (x\ge 0)\\ -1 & (x<0)\end{cases}$는 위 그림에서 보는 바와 같이 x가 0의 왼쪽에서 0에 한없이 가까워질 때 함숫값 $f(x)$는 -1에 가까워진다. 또한 x가 0의 오른쪽에서 0에 한없이 가까워질 때 함숫값 $f(x)$는 1에 가까워진다. 따라서 $\lim_{x\to 0} f(x)$는 존재하지 않는다. 그러나 $\lim_{x\to 0}|f(x)|=1$이다.

이와 같이 x가 a의 왼쪽에서 a에 한없이 가까워질 때 함숫값 $f(x)$는 L에 가까워지면

$$\lim_{x\to a-} f(x)=L$$

와 같이 나타내고 L을 $x=a$에서 f의 **좌극한값**이라 한다. 마찬가지로 x가 a의 오른쪽에서 a에 한없이 가까워질 때 함숫값 $f(x)$는 L에 가까워지면

$$\lim_{x\to a+} f(x)=L$$

와 같이 나타내고 L을 $x=a$에서 f의 **우극한값**이라 한다.

예제 10.2 다음 극한값을 구하여라.

(1) $\lim_{x\to 1+}\dfrac{x^2-1}{|x-1|}$ (2) $\lim_{x\to 1-}\dfrac{x^2-1}{|x-1|}$

풀이 (1) $\lim_{x\to 1+}\dfrac{x^2-1}{|x-1|}=\lim_{x\to 1+}\dfrac{x^2-1}{x-1}=\lim_{x\to 1+}(x+1)=2$

(2) $\lim_{x\to 1-}\dfrac{x^2-1}{|x-1|}=\lim_{x\to 1-}\dfrac{x^2-1}{-(x-1)}=\lim_{x\to 1-}-(x+1)=-2$ ■

| 정리 10.2 | 극한의 성질

$\lim_{x\to a} f(x) = L$, $\lim_{x\to a} g(x) = M$ (L, M은 일정한 값)일 때

(1) $\lim_{x\to a} kf(x) = kL$ (k는 상수)

(2) $\lim_{x\to a} (f(x) \pm g(x)) = L \pm M$

(3) $\lim_{x\to a} f(x)g(x) = LM$

(4) $\lim_{x\to a} \frac{f(x)}{g(x)} = \frac{L}{M}$ (단, $M \neq 0$)

(5) $f(x) \le g(x)$이면 $L \le M$

| 정리 10.3 | 조임정리, 압축정리

a를 포함한 적당한 구간 I의 모든 x에 대하여

(1) $f(x) \le h(x) \le g(x)$이고,

(2) $\lim_{x\to a} f(x) = \lim_{x\to a} g(x) = L$이면

$\lim_{x\to a} h(x) = L$이 성립한다.

예제 10.3 임의의 실수 x에 대하여 $-|x| \le \sin x \le |x|$와 $1 - \cos x \le |x|$가 성립한다. 이 사실을 이용하여 다음 극한값을 구하여라.

(1) $\lim_{x\to 0} \sin x$ (2) $\lim_{x\to 0} (1 - \cos x)$

풀이 (1) $-|x| \le \sin x \le |x|$이고 $\lim_{x\to 0} |x| = 0$이므로 조임정리에 의하여

$$\lim_{x\to 0} \sin x = 0$$

(2) 코사인의 정의에 의하여 $x = 0$의 근방에서 $\cos x \le 1$이므로 $0 \le 1 - \cos x$이다. 주어진 조건에 의하여 $0 \le 1 - \cos x \le |x|$이고 $\lim_{x\to 0} |x| = 0$이므로 조임정리에 의하여 $\lim_{x\to 0} (1 - \cos x) = 0$이다. ■

| 참고 10.4 | $\lim_{x\to 0}\frac{\sin x}{x}=1$의 증명

증명 (1) $0<x<\frac{\pi}{2}$일 때 중심각의 크기가 x이고 반지름의 길이가 1인 부채꼴 OAB 위의 점 A에서의 접선과 선분 OB의 연장선과의 교점을 T라 하면

$$\triangle\text{OAB의 넓이}=\frac{1}{2}h_1=\frac{1}{2}\sin x$$

$$\triangle\text{OAT의 넓이}=\frac{1}{2}h_2=\frac{1}{2}\tan x$$

$$\text{부채꼴 OAB의 넓이}=\frac{1}{2}\cdot 1^2\cdot x=\frac{1}{2}x$$

$$\triangle\text{OAB의 넓이}<\text{부채꼴 OAB의 넓이}<\triangle\text{OAT의 넓이}$$

이므로 $\sin x<x<\tan x$이다. $\sin x>0$이므로 이 부등식의 각 변을 $\sin x$로 나누면 $1<\frac{x}{\sin x}<\frac{1}{\cos x}$에서 $\cos x<\frac{\sin x}{x}<1$이다. 그런데 $\lim_{x\to 0+}\cos x=1$이므로

$$\lim_{x\to 0+}\frac{\sin x}{x}=1 \quad \cdots\cdots ①$$

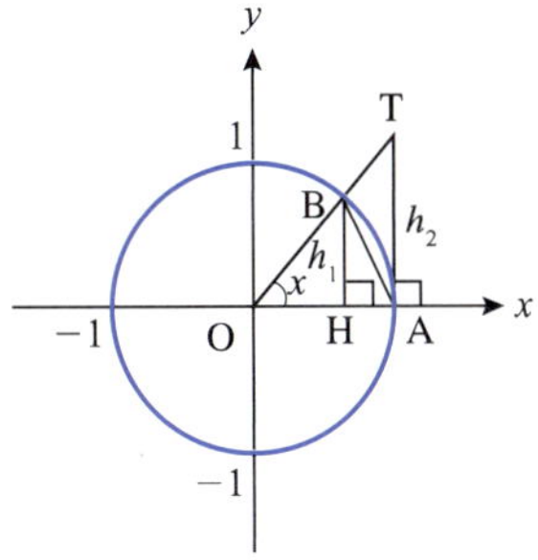

(2) $-\frac{\pi}{2}<x<0$일 때 $x=-t$로 놓으면 $0<t<\frac{\pi}{2}$이고, $x\to 0-$일 때 $t\to 0+$이다. 따라서

$$\lim_{x\to 0-}\frac{\sin x}{x}=\lim_{t\to 0+}\frac{\sin(-t)}{-t}=\lim_{t\to 0+}\frac{\sin t}{t}=1 \quad \cdots\cdots ②$$

식 ①과 ②에 의하여

$$\lim_{x\to 0}\frac{\sin x}{x}=1$$

■

10.2 함수의 연속

정의 10.5

함수 $f: X \to \mathbb{R}$가 다음 세 가지 조건을 만족할 때 함수 $f(x)$는 $x=a \in X$에서 **연속**(continuous)이라 한다.

(1) $f(a)$가 존재하고

(2) $\lim_{x \to a} f(x)$가 존재하고

(3) $\lim_{x \to a} f(x) = f(a)$

f가 X의 모든 점에서 연속이면 f는 X에서 **연속**이라 한다.

함수 $f(x)$가 a에서 연속이라 함은 이 함수의 그래프가 $x=a$에서 끊어지지 않음을 의미한다.

함수 $f(x)$가 $x=a$에서 연속이 아니면 $f(x)$가 a에서 **불연속**(discontinuous)이라 한다.

| 주의 10.6 | $f(x)$가 a에서 불연속되는 경우는 위의 세 가지 조건 중 어느 하나를 만족하지 않는 경우로 다음과 같이 정리할 수 있다.

(1) $f(a)$가 존재하지 않는다.

(2) $\lim_{x \to a} f(x)$가 존재하지 않는다.

(3) $f(a)$와 $\lim_{x \to a} f(x)$가 존재하지만 $\lim_{x \to a} f(x) \neq f(a)$이다.

예제 10.4 다음 함수는 $x=0$에서 연속인지 불연속인지 조사하여라.

(1) $f(x) = x^2 + 3$ (2) $f(x) = \sin x$

(3) $f(x) = \begin{cases} 1 & (x \geq 0) \\ -1 & (x < 0) \end{cases}$

풀이 (1) $\lim_{x \to 0}(x^2+3) = 3$이고 $f(0)=3$이므로 $f(x)=x^2+3$은 $x=0$에서 연속이다.

(2) $\lim_{x \to 0} \sin x = 0$이고 $f(0) = \sin 0 = 0$이므로 $f(x) = \sin x$는 $x=0$에서 연속이다.

(3) $\lim_{x \to 0} f(x)$는 존재하지 않으므로 $f(x)$는 $x=0$에서 불연속이다. ■

| 정리 10.7 | 연속함수의 성질

두 함수 f, g가 a에서 연속이고 c가 상수이면 다음 함수들도 a에서 연속이다.

(1) cf (2) $f \pm g$

(3) fg (4) f/g (단, $g(a) \neq 0$)

| 정리 10.8 | 합성함수의 연속

함수 f가 $x = a$에서 연속이고 함수 g가 $f(a)$에서 연속이면 합성함수 $(g \circ f)(x) = g(f(x))$는 $x = a$에서 연속이다.

| 정리 10.9 | 최대·최솟값 정리

함수 $f: [a, b] \to \mathbb{R}$ 가 유계인 닫힌 구간 $[a, b]$ 에서 연속이면 f는 $[a, b]$ 에서 최댓값(maximum) M과 최솟값(minimum) m을 갖는다. 즉,
$m = f(c) \leq f(x) \leq f(d) = M$ $(x \in [a, b])$을 만족하는 점 c, $d \in [a, b]$가 존재한다.

| 정리 10.10 | 볼차노의 중간값 정리

함수 $f: [a, b] \to \mathbb{R}$ 가 유계이고 닫힌 구간 $[a, b]$ 에서 연속이고
$f(a) \leq k \leq f(b)$(또는 $f(b) \leq k \leq f(a)$)이면 적어도 하나의 점 $c \in [a, b]$가 존재하여 $f(c) = k$를 만족한다.

예제 10.5 구간 $[-1, 2]$에서 방정식 $3x^3 - x^2 + 2 = 0$은 적어도 하나의 실근이 존재함을 보여라.

증명 $f(x) = 3x^3 - x^2 + 2$로 두면 $f(x)$는 $[-1, 2]$에서 연속이다.
또한 $f(-1) = -2 < 0$, $f(2) = 22 > 0$이므로 중간값 정리에 의하여 $(-1, 2)$에서 $f(c) = 0$을 만족하는 실수 c가 적어도 하나 존재한다.
즉, 적어도 하나의 $-1 < c < 2$에 대하여 $f(c) = 0$이 성립한다. ■

연습문제

1 $\lim_{x\to 1} f(x)=5$, $\lim_{x\to 1} g(x)=-1$이면 다음 극한을 구하여라.

(1) $\lim_{x\to 1}[f(x)+g(x)]$ (2) $\lim_{x\to 1}[f(x)-3g(x)]$

(3) $\lim_{x\to 1}[f(x)\cdot g(x)]$ (4) $\lim_{x\to 1}\dfrac{f(x)}{g(x)}$

2 다음 극한을 구하여라.

(1) $\lim_{x\to 1}\dfrac{x+2}{2x+3}$ (2) $\lim_{x\to 2}\dfrac{x^2-4}{x-2}$

(3) $\lim_{x\to 2}\dfrac{\sqrt{x+2}-2}{x-2}$

3 $\lim_{x\to 1+}(x-[x])=0$, $\lim_{x\to 1-}(x-[x])=1$임을 보여라.

4 다음 극한값을 구하여라.

(1) $\lim_{x\to \frac{\pi}{2}}\dfrac{1-\sin x}{\cos^2 x}$ (2) $\lim_{x\to 0} x^2\sin(\dfrac{1}{x})=0$

5 다음 함수 $f(x)$가 연속인 x의 범위를 구간의 기호를 써서 나타내어라.

(1) $f(x)=x^3+1$ (2) $f(x)=\dfrac{x^2-1}{x-1}$

(3) $f(x)=\dfrac{2}{x^2+1}$ (4) $f(x)=\dfrac{\sin x}{x}$

6 다음 함수 $f(x)$가 $x=0$에서 연속인지 조사하여라.

(1) $f(x)=x\sin(\dfrac{1}{x})$ (2) $f(x)=\begin{cases}0 & (x=0)\\ x\sin(\dfrac{1}{x}) & (x\neq 0)\end{cases}$

(3) $f(x)=\begin{cases}0 & (x\in\mathbb{Q})\\ x & (x\notin\mathbb{Q})\end{cases}$

7 다음 함수 $f:\mathbb{R}\to\mathbb{R}$ 에 대하여 $x\cdot f(x)$는 $x=0$에서 연속임을 보여라.

$$f(x)=\begin{cases}1 & (x\in\mathbb{Q})\\ 0 & (x\notin\mathbb{Q})\end{cases}$$

8 다음 조건에 알맞은 예를 들어라.

(1) $[0,\ 1)$에서 최솟값은 갖지만 최댓값을 갖지 않는 연속함수

(2) $[0,\ 1]$에서 유계가 아닌 불연속함수

9 다음 방정식이 주어진 구간에서 적어도 하나의 실근을 가짐을 보여라.

(1) $x^3 + 3x = 2\ \ (0 \le x \le \pi/2)$

(2) $x^5 + 2x + 5 = x^4 + 10\ \ (1 \le x \le 2)$

(3) $\cos x = x\ \ (0 < x < \pi/2)$

(4) $\tan x = \sin^3 x + \cos^3 x\ \ (-\pi/2 < x < \pi/2)$

(5) $(x^2 - 1)\cos x + \sqrt{2}\sin x = 0\ \ (0 < x < \pi/2)$

11 미분

우리는 살아가면서 생활 주변에서 물가의 변동이나 주식시장에서 어떤 기업의 주가 변화, 기후 온난화에 따른 물고기 등 어족자원의 변화, 식물의 성장 변화, 자신의 신체 변화, 자동차나 비행기의 속도 변화 등을 볼 수 있다. 예를 들어, 넓은 바다 속에 물고기가 무한정 있는 것처럼 생각하기 쉽다. 톤 단위로 물고기를 잡아들이기 때문에 남획을 거듭하면 역시 물고기의 수가 줄어들고 만다. 우리는 자원의 양과 미래에 그것이 어떻게 변화할지를 정확히 조사하고 그에 맞춰 물고기를 잡을 필요가 있다. 이처럼 자원의 양이나 미래에 그것이 어떻게 변화할지를 어떻게 예측해야 할까? 이에 크게 필요한 도구가 미분이다.

11.1 평균변화율과 미분

자동차를 시속 60km로 운전하다 어느 순간에 가속 페달을 조금 더 밟으면 속도계가 가리키는 속도의 값은 당연히 높아진다. 미분의 개념은 '어떤 순간의 변화의 비율에 주목하는' 것으로 간단히 말할 수 있다.

곡선 $y=4x^2$은 x가 2에서 2.5까지 0.5만큼 변할 때, y는 16에서 25까지 9만큼 변한다. 즉, $\Delta x = 2.5-2=0.5$, $\Delta y = 25-16=9$로 놓을 때 Δx를 x의 증분, Δy를 y의 증분이라고 한다. 여기서 $f(x)=4x^2$으로 두면 Δx에 대한 Δy의 비율은 다음과 같다.

$$\frac{\Delta y}{\Delta x}=\frac{f(2.5)-f(2)}{2.5-2}=\frac{9}{0.5}=18,\ \text{즉}\ \frac{\Delta y}{\Delta x}=\frac{f(2+\Delta x)-f(2)}{\Delta x}$$

이것을 구간 $[2,\ 2+\Delta x]$에서 $y=f(x)$의 **평균변화율**이라 한다.

함수 $y=f(x)$에서 x가 a에서 b까지 변할 때의 평균변화율은 다음과 같다.

$$\frac{\Delta y}{\Delta x}=\frac{f(b)-f(a)}{b-a}$$

예제 11.1 다음 함수의 주어진 구간에서 평균변화율을 구하여라.

(1) $f(x)=x^2-3x \quad [2,\ 5]$ (2) $f(x)=x^2+x \quad [1,\ 1+\Delta x]$

풀이 (1) $\dfrac{\Delta y}{\Delta x}=\dfrac{f(5)-f(2)}{5-2}=\dfrac{10-(-2)}{3}=4$

(2) $\dfrac{\Delta y}{\Delta x}=\dfrac{f(1+\Delta x)-f(1)}{1+\Delta x-1}=\dfrac{3\Delta x+(\Delta x)^2}{\Delta x}=3+\Delta x$ ■

정의 11.1

함수 $y=f(x)$에서 x가 a에서 $a+h=a+\Delta x$까지 변할 때 함수 $y=f(x)$의 값은 $f(a)$에서 $f(a+h)$까지 변한다. 이때 극한값

$$\lim_{h\to 0}\frac{f(a+h)-f(a)}{h}$$

가 유한 확정적으로 존재하면 이것을 a에서의 함수 $y=f(x)$의 **미분계수**(differential coefficient)라 부르고 $f'(a)$로 나타낸다. $f'(a)$가 존재할 때, $y=f(x)$는 $x=a$에서 **미분가능하다**(differentiable)고 한다.

함수 f가 (a, b)에서 미분가능할 때 임의의 $x\in(a, b)$에 대하여 미분계수 $f'(x)$를 대응시키는 함수를 **도함수**(derivative)라 하고

$$y',\ f'(x),\ \frac{dy}{dx},\ \frac{d}{dx}f(x)$$

등으로 나타낸다. 도함수 $f'(x)$를 구하는 것을 $f(x)$를 **미분한다**고 한다.

예제 11.2 다음 함수 $f(x)$의 도함수를 구하여라.

(1) $f(x)=x^2$ (2) $f(x)=\begin{cases} x^2\sin(1/x) & (x\neq 0) \\ 0 & (x=0)\end{cases}$

풀이 (1) $f'(x)=\lim_{h\to 0}\frac{(x+h)^2-x^2}{h}=\lim_{h\to 0}(2x+h)=2x$

(2) $f'(0)=\lim_{x\to 0}\frac{f(x)-f(0)}{x-0}=\lim_{x\to 0}\frac{x^2\sin(1/x)}{x}=\lim_{x\to 0}x\sin\frac{1}{x}=0$ ■

예제 11.3 다음 함수 $f(x)=|x|$는 $x=0$에서 미분가능하지 않음을 보여라.

풀이 $f'_+(0)=\lim_{h\to 0+}\frac{|h|}{h}=\lim_{h\to 0+}\frac{h}{h}=1,\ f'_-(0)=\lim_{h\to 0-}\frac{|h|}{h}=\lim_{h\to 0-}\frac{-h}{h}=-1$

이므로 $f'_+(0)$과 $f'_-(0)$은 존재하지만 $f'_+(0)\neq f'_-(0)$. 따라서 $f'(0)$은 존재하지 않는다. 그러나 $f(x)=|x|$는 $x=0$에서 연속이다. ■

미분계수의 기하학적 의미

함수 $y=f(x)$가 나타내는 곡선 위에 $x=a$ 및 $x=a+h$에 대응되는 점을 다음 그림에서 처럼 P, Q라고 하면 $\dfrac{\Delta y}{\Delta x}=\tan\theta$는 선분 PQ의 기울기이므로, $f'(a)$는 점 $P(a,\ f(a))$ 에서 곡선에 대한 접선의 기울기를 나타낸다. 따라서 함수 $f(x)$가 $x=a$에서 미분가능할 때, 곡선 $y=f(x)$ 위의 점 $(a,\ f(a))$에서의 접선의 방정식은 $y-f(a)=f'(a)(x-a)$이다.

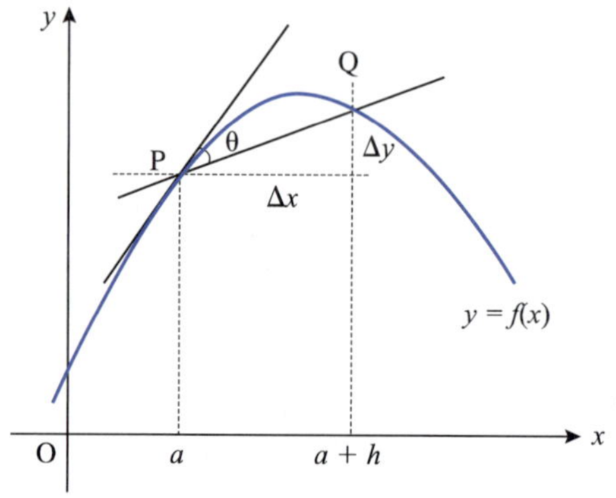

| 정리 11.2 | 만약 함수 f가 $x=a$에서 미분가능하면 f는 $x=a$에서 연속이다.

증명 가정에 의하여

$$f'(a)=\lim_{x\to a}\frac{f(x)-f(a)}{x-a}$$

가 존재하므로

$$\begin{aligned}\lim_{x\to a}(f(x)-f(a))&=\lim_{x\to a}\frac{f(x)-f(a)}{x-a}\cdot(x-a)\\&=\lim_{x\to a}\frac{f(x)-f(a)}{x-a}\cdot\lim_{x\to a}(x-a)\\&=f'(a)\cdot 0=0\end{aligned}$$

이다. 따라서 함수 f는 a에서 연속이다. ■

| 주의 11.3 | 위 정리의 역은 성립하지 않는다. 예를 들어, 함수 $f(x)=|x|,\ x\in\mathbb{R}$ 에 대하여 $f'(0)$은 존재하지 않지만 함수 f는 $x=0$에서 연속이다.

| 정리 11.4 | 상수 c와 자연수 n에 대하여 다음이 성립한다.

(1) $\dfrac{dc}{dx}$ (2) $\dfrac{dx^n}{dx}=nx^{n-1}$

| 정리 11.5 | 두 함수 f와 g가 미분가능하면, 함수 $f\pm g$, kf, $f\cdot g$, f/g (단, $g(x)\neq 0$)는 c에서 미분가능하고,

(1) $(f\pm g)'(x)=f'(x)\pm g'(x)$

(2) $(kf)'(x)=kf'(x)$ (단, k는 상수)

(3) $(f\cdot g)'(x)=f'(x)g(x)+f(x)g'(x)$

(4) $\left(\dfrac{f}{g}\right)'(x)=\dfrac{f'(x)\cdot g(x)-f(x)\cdot g'(x)}{[g(x)]^2}$ (단, $g(x)\neq 0$)

| 정리 11.6 | 연쇄법칙, chain rule

함수 $f(u)$가 $u=g(x)$에서 미분가능하고 $g(x)$가 x에서 미분가능하면, $y=(f\circ g)(x)=f(g(x))$도 x에서 미분가능하고 다음이 성립한다.

$$\frac{dy}{dx}=\frac{dy}{du}\cdot\frac{du}{dx}=f'(g(x))g'(x)$$

11.2 도함수의 응용

정의 11.7

$x=c$의 근방에서 $f(x)\leq f(c)$이면 $f(c)$를 **극댓값**(local maximum)이라 하고, $x=c$의 근방에서 $f(x)\geq f(c)$이면 $f(c)$를 **극솟값**(local minimum)이라 한다.

예제 11.4 (1) $f(x)=-x^2+3$은 $x=0$에서 극댓값 3을 가지고, 극솟값은 갖지 않는다.

(2) $f(x)=x(x^2-3)$은 $x=-1$에서 극댓값을 가지고, $x=1$에서 극솟값을 가진다.

(3) $f(x)=|x|$는 $x=0$에서 극솟값을 가진다.

| 정리 11.8 | 극값 정리, 페르마 정리

함수 $f:[a,\ b]\to\mathbb{R}$ 가 $c\in(a,\ b)$에서 극댓값(또는 극솟값)을 가지고 $f'(c)$가 존재하면 $f'(c)=0$이다.

| 정리 11.9 | 롤(Rolle)의 정리

함수 $f:[a,\ b]\to\mathbb{R}$ 가 $[a,\ b]$에서 연속이고 $(a,\ b)$에서 미분가능하고, $f(a)=f(b)$이면 $f'(c)=0$을 만족하는 점 $c\in(a,\ b)$가 존재한다.

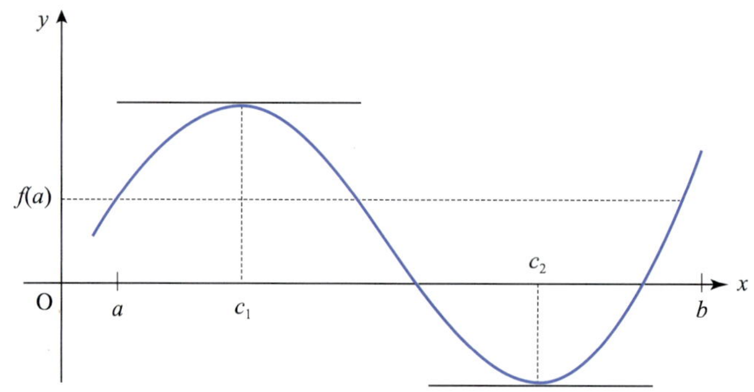

그림 11.1 롤의 정리

| 주의 11.10 | (1) $f(x)=1-|x|$는 $[-1,\ 1]$에서 연속이고 $f(-1)=0=f(1)$이지만, $x=0$에서 미분가능하지 않으므로 $f'(x_1)=0$이 되는 점 x_1은 존재하지 않는다.

(2) 롤의 정리에서 f가 점 a와 b에서 미분가능하다는 것을 요구하지는 않는다. 예를 들어, $f(x)=\sqrt{4-x^2}\ (-2\le x\le 2)$는 롤의 정리의 가정을 만족하지만 -2와 2에서 미분가능하지 않는다. $(-2,\ 2)$에 대하여 $f'(x)=\dfrac{-x}{\sqrt{4-x^2}}$이고 $f'(0)=0$이다. 따라서 롤의 정리가 $c=0$에서 성립한다.

| 정리 11.11 | 평균값 정리

함수 $f:[a,\ b]\to\mathbb{R}$ 가 $[a,\ b]$에서 연속이고, $(a,\ b)$에서 미분가능하면

$$\frac{f(b)-f(a)}{b-a}=f'(c) \tag{11.1}$$

를 만족하는 점 $c \in (a,\ b)$가 존재한다.

증명 $F(x) = f(x) - f(a) - \dfrac{f(b)-f(a)}{b-a}(x-a)$로 두면 $F(x)$는 $[a,\ b]$에서 연속이고 $(a,\ b)$에서 미분가능하다. 또한 $F(a) = 0 = F(b)$이다. 따라서 롤의 정리에 의해서 $F'(c) = 0\ (a < c < b)$을 만족하는 점 c가 존재한다. 그러므로

$$f'(c) - \frac{f(b)-f(a)}{b-a} = F'(c) = 0,\ \text{즉}\ \frac{f(b)-f(a)}{b-a} = f'(c)\ \ (a < c < b)$$

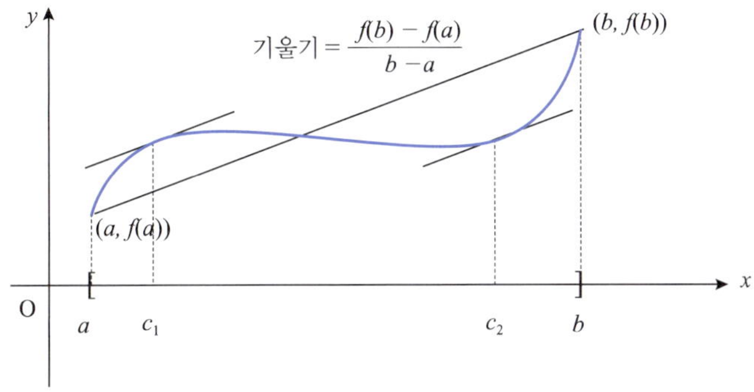

그림 11.2 평균값 정리의 기하학적 의미

| 주의 11.12 | (1) (**평균값 정리의 기하학적 의미**) 평균값 정리는 정리의 가정에서 두 점 $(a,\ f(a))$, $(b,\ f(b))$를 잇는 선분과 평행인 $y = f(x)$의 접선을 $(a,\ b)$ 안의 점에서 그을 수 있다는 것이다.

(2) 함수 $y = f(x)$가 미분가능할 때 $dx = \Delta x$를 x의 **미분**(differential)이라 하고 $dy = f'(x)dx$를 y의 **미분**이라 한다.

(3) $b - a = h,\ c - a = \theta h\ (0 < \theta < 1)$로 두면 식 (11.1)은

$$f(a+h) = f(a) + hf'(a+\theta h) \quad (0 < \theta < 1) \tag{11.2}$$

이 된다. 만일 h가 충분히 작은 수이면 $a + \theta h$는 a와 근사적으로 같으므로

$$f(a+h) \fallingdotseq f(a) + hf'(a) \tag{11.3}$$

로 쓸 수 있다.

예제 11.5 함수 $f(x) = x^2$에 대하여 다음을 구하여라.

(1) 닫힌 구간 $[-1,\ 1]$에서 롤의 정리를 만족하는 c를 구하여라.

(2) 닫힌 구간 $[-1,\ 3]$에서 평균값 정리를 만족하는 c를 구하여라.

풀이 (1) $f(x)=x^2$은 $[-1,\ 1]$에서 연속이고, $(-1,\ 1)$에서 미분가능하다. 또한 $f(-1)=1=f(1)$이므로 롤의 정리를 만족한다. $f'(c)=2c$이므로 $f'(c)=0$을 만족하는 점 $c=0$이 $(-1,\ 1)$ 안에 존재한다.

(2) $f(x)=x^2$은 $[-1,\ 3]$에서 연속이고, $(-1,\ 3)$에서 미분가능하다. 또한 $f(-1)=1$, $f(3)=9$이므로 곡선 위의 양 끝점을 지나는 직선의 기울기는

$$\frac{f(3)-f(-1)}{3-(-1)}=2$$

이고 $f'(c)=2c$이므로 $f'(c)=2$를 만족하는 점 $c=1$이 $(-1,\ 3)$ 안에 존재한다. ■

예제 11.6 미분을 이용하여 $\sqrt{101}$의 근삿값을 구하여라.

풀이 $f(x)=\sqrt{x}$라 하면 $f'(x)=\dfrac{1}{2\sqrt{x}}$이다. $a=100$, $h=1$이라 하면

$$\begin{aligned}\sqrt{101}&=f(100+1)\fallingdotseq f(100)+1\times f'(100)\\&=10+\frac{1}{20}=10+0.05=10.05\end{aligned}$$

■

정의 11.13

함수 $f:I\to\mathbb{R}$가 구간 I의 점 x_1, x_2에 대하여 $x_1<x_2$일 때 $f(x_1)\le f(x_2)$를 만족하면 f는 I에서 **증가한다**(increasing)고 한다. $x_1<x_2$일 때 $f(x_1)\ge f(x_2)$이면 f는 I에서 **감소한다**(decreasing)고 한다.

| 정리 11.14 | 함수 $f:(a,\ b)\to\mathbb{R}$가 미분가능하고 모든 $x\in(a,\ b)$에 대하여

(1) $f'(x)\ge 0$이면 f는 $(a,\ b)$에서 단조증가한다.

(2) $f'(x)\le 0$이면 f는 $(a,\ b)$에서 단조감소한다.

(3) $f'(x)\ne 0$이면 f는 $(a,\ b)$에서 단사함수이다.

(4) $f'(x)=0$이면 f는 $(a,\ b)$에서 상수이다.

증명 (1) $x_1,\ x_2\in(a,\ b)$는 임의의 두 점이고 $x_1<x_2$라고 가정하면 f는 $[x_1,\ x_2]$에서 연속이고 $(x_1,\ x_2)$에서 미분가능하다. 평균값 정리에 의하여

$$\frac{f(x_2)-f(x_1)}{x_2-x_1}=f'(c)\ge 0$$

을 만족하는 점 $c \in (x_1,\ x_2)$가 존재한다.

따라서 $x_1 < x_2$이면 $f(x_1) \le f(x_2)$가 된다.

(2), (3), (4)도 위와 같은 방법으로 증명할 수 있다. ■

| 주의 11.15 | $(\sin x)' = \cos x$, $(\cos x)' = -\sin x$, $(e^x)' = e^x$, $(\ln x)' = \dfrac{1}{x}$임을 이용하면 $x \fallingdotseq 0$일 때 다음 근사식이 성립함을 알 수 있다.

(1) $(1+x)^n \fallingdotseq 1+nx$　(2) $\sin x \fallingdotseq x$　(3) $\cos x \fallingdotseq 1$

(4) $\ln(1+x) \fallingdotseq x$　(5) $e^x \fallingdotseq 1+x$

| 정리 11.16 | 1계도함수 극값 판정법

c는 연속함수의 임계점(극대나 극소가 되는 점)이라 가정하자.

(1) f'이 c에서 양에서 음으로 바뀌면 f는 c에서 극대이다.

(2) f'이 c에서 음에서 양으로 바뀌면 f는 c에서 극소이다.

(3) f'이 c에서 부호가 바뀌지 않으면 f는 c에서 극대도 극소도 아니다.

닫힌 구간 $[a,\ b]$에서 연속인 함수 $y=f(x)$가 극값을 가질 때

(1) $f(x)$의 최댓값은 극댓값, $f(a)$, $f(b)$ 중에서 최대인 값이다.

(2) $f(x)$의 최솟값은 극솟값, $f(a)$, $f(b)$ 중에서 최소인 값이다.

예제 11.7 구간 $[-2,\ 3]$에서 함수 $f(x) = x^3 - 3x^2 + 5$의 극댓값과 극솟값, 최댓값과 최솟값을 구하여라.

풀이 $f'(x) = 3x^2 - 6x = 3(x^2 - 2x) = 3x(x-2)$이므로

임계점 $x=0,\ 2$에서 $f'(x)=0$이다.

x	-2	$\cdots$	0	$\cdots$	2	$\cdots$	3
$f'(x)$		$+$	0	$-$	0	$+$	
$f(x)$	-15	↗	5	↘	1	↗	5

따라서 f의 극댓값은 $f(0)=5$, 극솟값은 $f(2)=1$이므로 구간 $[-2,\ 3]$에서 f의 최댓값은 5이고, 최솟값은 $f(-2) = -15$이다. ■

연습문제

1 다음 함수의 도함수를 구하여라.

(1) $f(x) = 2x^3 - 4x^2$

(2) $f(x) = x^5 - 2x^3 + 2x - 1$

(3) $f(x) = (x^2 - 1)(x^3 - 2x + 1)$

(4) $f(x) = \dfrac{x^2 - 3}{x^2 + 3}$

(5) $f(x) = x|x|$

2 함수 $f(x) = |x^3|$에 대하여 $f'(x)$, $f''(x)$를 구하고 $f'''(0)$은 존재하지 않음을 보여라.

3 $(\sin x)' = \cos x$를 이용하여 다음 함수 f에 대하여 $f'(x)$가 존재하지만 $f''(0)$이 존재하지 않음을 보여라.

$$f(x) = \begin{cases} x^3 \sin(1/x) & (x \neq 0) \\ 0 & (x = 0) \end{cases}$$

4 다음 함수 $y = f(x)$의 도함수 y'를 구하여라.

(1) $f(x) = (x^3 + 2)^2$

(2) $f(x) = \left(x^3 - \dfrac{1}{x}\right)^3$

(3) $f(x) = \sqrt{x^2 + 5}$

(4) $f(x) = \sin^2 x$

(5) $f(x) = \cos(x^2 + 1)$

(6) $x^{2/3} + y^{2/3} = 1$

5 $y = x^2$ 위의 점 $(1,\ 1)$에서의 접선의 방정식을 구하여라.

6 기울기가 3이고 곡선 $y = x^2 - x$에 접하는 접선의 방정식을 구하여라.

7 다음 중 함수 $f(x)$의 $x = a$에서의 미분계수 $f'(a)$가 아닌 것은?

(1) $\displaystyle\lim_{h \to 0} \frac{f(a+h) - f(a)}{h}$

(2) $\displaystyle\lim_{h \to 0} \frac{f(a-h) - f(a)}{-h}$

(3) $\displaystyle\lim_{h \to 0} \frac{f(a+2h) - f(a)}{2h}$

(4) $\displaystyle\lim_{x \to a} \frac{f(x) - f(a)}{x - a}$

(5) $\displaystyle\lim_{x \to a} \frac{f(x^2) - f(a^2)}{x - a}$

8 함수 $f(x) = x^3 - 2x^2 + 2x + 1$에 대하여 $\displaystyle\lim_{h \to 0} \frac{f(1-2h) - f(1+3h)}{h}$의 값을 구하여라.

9 함수 $f(x)=x^2-4x+3$에 대하여 닫힌 구간 $[1,\ 3]$에서 롤의 정리를 만족시키는 상수 c의 값을 구하여라.

10 함수 $f(x)=x^3-3x^2+ax-4$가 닫힌 구간 $[0,\ 3]$에서 감소할 때, 상수 a의 최댓값을 구하여라.

11 함수 $f(x)=ax^3+3x^2+3ax-4$가 임의의 실수 $x_1,\ x_2$에 대하여 $x_1<x_2$이면 $f(x_1)>f(x_2)$가 성립하도록 하는 상수 a값의 범위를 구하여라.

12 삼차함수 $f(x)=x^3+ax^2+3x+b$가 임의의 실수 $x_1,\ x_2$에 대하여 $x_1<x_2$이면 $f(x_1)<f(x_2)$를 만족시키기 위한 상수 a값의 범위를 구하여라.

13 함수 $f(x)=-x^3+6x^2-9x+2$의 극댓값과 극솟값의 합을 구하여라.

14 삼차방정식 $x^3-3kx^2+32=0$이 서로 다른 세 실근을 가지기 위한 상수 k값의 범위를 구하여라.

15 평균값 정리를 이용하여 다음 부등식이 성립함을 보여라.

(1) $e^x>1+x\ \ (\forall x>0)$

(2) $\ln x<x\ \ (\forall x>1)$

(3) $\sqrt{1+x}<1+\frac{1}{2}x\ \ (\forall x>0)$

(4) $|\cos x-\cos y|\le|x-y|\ \ (\forall x,y\in\mathbb{R})$

(5) $\frac{x}{1+x}<\ln(1+x)<x\ \ (\forall x>0)$

(6) $\frac{x}{1+x^2}<\tan^{-1}x<x\ \ (\forall x>0)$

(7) $0<b<a$일 때 $\frac{a-b}{a}<\ln\frac{a}{b}<\frac{a-b}{b}$

16 평균값 정리와 $(\log x)'=\frac{1}{x}$을 이용하여 다음을 보여라.

(1) $10\frac{1}{11}<\sqrt{102}<10\frac{1}{10}$ (2) $\frac{1}{11}<\log 1.1<\frac{1}{10}$

17 $(e^x)'=e^x$를 이용하여 $e^{0.05}$의 근삿값을 구하여라.

18 $a\le x<b$에서 $f''(x)>0$이면 $g(x)=\frac{f(x)-f(a)}{x-a}$는 $(a,\ b)$에서 증가함을 보여라.

19 $x > 0$일 때 부등식 $e^x > 1+x$를 이용하여 e^π와 π^e의 대소를 판정하여라.

20 $(\sin x)' = \cos x$, $(\tan x)' = \sec^2 x$를 이용하여 다음 부등식이 성립함을 보여라(단, $0 < \alpha < \beta < \dfrac{\pi}{2}$).

$$\sin\beta - \sin\alpha < \beta - \alpha < \tan\beta - \tan\alpha$$

21 $0 < x < \pi$일 때 $f(x) = \sin x / x$는 감소함수임을 증명하고, 이것을 이용하여 다음을 보여라.

(1) $0 < \alpha < \beta < \pi$일 때 $\sin\alpha / \sin\beta > \alpha / \beta$이다.

(2) $0 < x < \dfrac{\pi}{2}$일 때 $\sin x > (2/\pi)x$이다.

22 어떤 해수욕장에서 기온이 30℃가 넘은 후 x시간이 지났을 때, 이 해수욕장을 방문한 사람의 수를 y라고 하면

$$y = x^3 - 12x^2 + 21x + 105 \ (0 \le x \le 10)$$

의 관계식이 성립한다. 방문한 사람의 수가 가장 많았을 때와 가장 적었을 때의 x의 값을 구하여라.

23 오른쪽 그림과 같이 반지름의 길이가 6인 원을 잘라내고 색칠한 부분을 이용하여 원뿔 모양의 깔때기를 만들려고 한다. 이 깔때기의 부피가 최대가 되도록 만들 때, 깔때기의 윗면의 반지름의 길이를 구하여라.

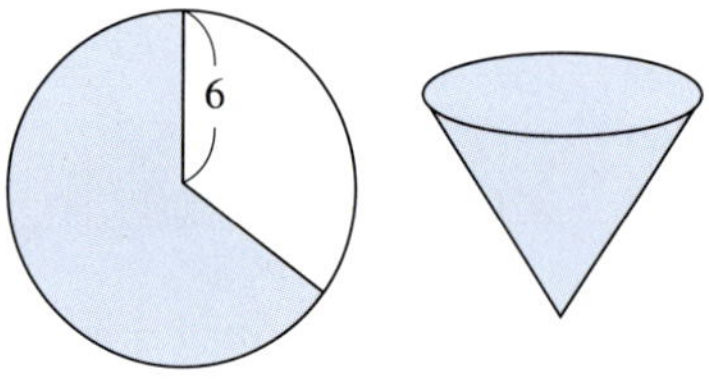

24 밑면이 정사각형인 직육면체 모양의 창고를 지으려고 한다. 각 면의 $1\,\text{m}^2$당 드는 건축 비용은 밑면, 옆면, 윗면의 비가 $1:2:3$이라고 한다. 일정한 비용으로 창고를 지을 때, 창고의 부피가 최대가 되도록 하는 밑면의 한 변의 길이 x m와 높이 y m에 대하여 $\dfrac{y}{x}$의 값을 구하여라.

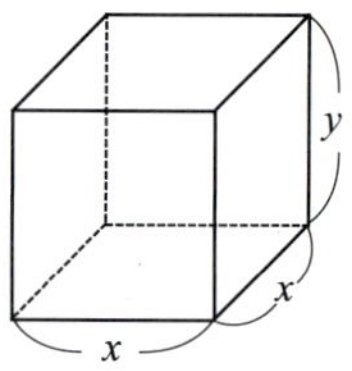

12 비밀이 많은 오일러수와 이자 계산

수는 가장 높은 수준의 지식이다. 수는 지식 그 자체이다.

—플라톤(Platon)

12.1 e의 정체

고등학교 교육과정에서 자연대수 또는 오일러 수라고 부르는 e는 수열 $\left\{\left(1+\frac{1}{n}\right)^n\right\}$의 극한값으로 정의하고 있다. 즉,

$$\lim_{n\to\infty}\left(1+\frac{1}{n}\right)^n = e$$

자연로그를 e로 표기한 최초의 수학자는 오일러이다. 그런 의미에서 e를 오일러 수라고도 한다. e와 유일한 라이벌인 π의 역사가 바빌로니아 시대까지 장대한 세월을 거슬러 올라가는 반면, e의 발견과 활용 역사는 아주 짧은 신참내기나 다름없다. 하지만, e는 아주 팔팔하고 활기가 넘쳐서 '성장'과 관련된 곳에는 어디든 나타난다. 인구에 관한 것이든, 돈이나 다른 물리량에 관한 것이든, 성장 얘기가 나오는 곳에는 어김없이 e가 등장한다.

n	$\left(1+\frac{1}{n}\right)^n$
1	2.00000
2	2.25000
3	2.37037⋯
4	2.44140⋯
⋯	⋯
10	2.59374⋯
100	2.71692⋯
1,000	2.71814⋯
10,000	2.71826⋯
⋯	⋯
∞	2.71828⋯

e는 근사치가 2.71828 정도되는 수이다. π와 마찬가지로 e도 무리수이기 때문에(정리 12.3 증명 참조) 그 정확한 값을 알지는 못한다. e를 소수점 아래 20번째 자리까지 구한 값은 2.71828182845904523536⋯이다. 그런데 이 수는 그냥 아무렇게나 뽑아낸 수가 아니라, 수학에서 가장 위대한 상수 중 하나이고 17세기 초 몇몇 수학자들이 로그(logarithm)[1)]의 개념을 명확하게 하기 위해 머리를 맞대는 과정에서 빛을 보게 되었다.

1) 로그의 발명은 큰 숫자들 사이의 곱셈을 덧셈으로 변환할 수 있게 된 획기적인 사건이었다.

8장에서 수열 $\left\{\left(1+\frac{1}{n}\right)^n\right\}$의 극한값이 존재함을 보였고 이 극한값을 오일러 수 e로 정의하였다. 여기서는 $e=\sum_{n=0}^{\infty}\frac{1}{n!}$이고 e가 무리수임을 살펴본다.

| 정리 12.1 | $e=\sum_{n=0}^{\infty}\frac{1}{n!}$

증명 $S_n=\sum_{k=0}^{n}\frac{1}{k!}$, $T_n=\left(1+\frac{1}{n}\right)^n$이라 놓자. 이항정리에 의하여

$$T_n = 1+1+\frac{1}{2!}\left(1-\frac{1}{n}\right)+\frac{1}{3!}\left(1-\frac{1}{n}\right)\left(1-\frac{2}{n}\right)+\cdots + \frac{1}{n!}\left(1-\frac{1}{n}\right)\left(1-\frac{2}{n}\right)\cdots\left(1-\frac{n-1}{n}\right)$$

이므로 $T_n \le S_n$이다. 따라서

$$e=\lim_{n\to\infty} T_n \le \sum_{n=0}^{\infty}\frac{1}{n!} \tag{12.1}$$

이다. 다음으로 $n \ge m$이면

$$T_n \ge 1+1+\frac{1}{2!}\left(1-\frac{1}{n}\right)+\cdots+\frac{1}{m!}\left(1-\frac{1}{n}\right)\cdots\left(1-\frac{m-1}{n}\right)$$

이다. m을 고정시키고 $n\to\infty$로 하면

$$\lim_{n\to\infty} T_n \ge 1+1+\frac{1}{2!}+\cdots+\frac{1}{m!}$$

이므로 $S_m \le \lim_{n\to\infty} T_n$이다. 따라서 $m\to\infty$로 하면

$$\sum_{n=0}^{\infty}\frac{1}{n!} \le \lim_{n\to\infty} T_n = e \tag{12.2}$$

이 된다. 그러므로 정리는 식 (12.1)과 식 (12.2)로부터 성립함을 알 수 있다. ■

| 정리 12.2 | (1) 모든 자연수 n에 대하여 $\left(1+\dfrac{1}{n}\right)^n < 3$이다.

(2) (급수 $\displaystyle\sum_{n=0}^{\infty}\frac{1}{n!}$의 수렴하는 속도) $0 < e - S_n < \dfrac{1}{n!n}$

증명 (1) 이항정리에 의하여

$$\begin{aligned}\left(1+\frac{1}{n}\right)^n &= 1+\frac{n}{1!}\frac{1}{n}+\frac{n(n-1)}{2!}\left(\frac{1}{n}\right)^2+\frac{n(n-1)(n-2)}{3!}\left(\frac{1}{n}\right)^3 \\ &\quad +\cdots+\frac{n(n-1)\cdots 3\cdot 2\cdot 1}{n!}\left(\frac{1}{n}\right)^n+\cdots \\ &= 1+\frac{1}{1!}+\frac{1}{2!}\left(1-\frac{1}{n}\right)+\frac{1}{3!}\left(1-\frac{1}{n}\right)\left(1-\frac{2}{n}\right) \\ &\quad +\cdots+\frac{1}{n!}\left(1-\frac{1}{n}\right)\left(1-\frac{2}{n}\right)\cdots\left(1-\frac{n-1}{n}\right) \\ &< 1+\frac{1}{1!}+\frac{1}{2!}+\frac{1}{3!}+\cdots+\frac{1}{n!}\end{aligned}$$

이다. $3! > 2^2$, $4! > 2^3$, $\cdots$, $n! > 2^{n-1}$이므로

$$\left(1+\frac{1}{n}\right)^n < 1+1+\frac{1}{2}+\frac{1}{2^2}+\cdots+\frac{1}{2^{n-1}}=1+\frac{1-\left(\frac{1}{2}\right)^n}{1-\frac{1}{2}}=3-\left(\frac{1}{2}\right)^{n-1}<3$$

(2) $S_n=\displaystyle\sum_{k=0}^{n}\frac{1}{k!}$이므로

$$\begin{aligned}e-S_n &= \frac{1}{(n+1)!}+\frac{1}{(n+2)!}+\frac{1}{(n+3)!}+\cdots \\ &< \frac{1}{(n+1)!}\left(1+\frac{1}{n+1}+\frac{1}{(n+1)^2}+\cdots\right)=\frac{1}{n!n}\end{aligned}$$

이므로

$$0 < e - S_n < \frac{1}{n!n} \tag{12.3}$$

■

| 정리 12.3 | e는 무리수이다.

증명 e를 유리수라 하고, $e = \frac{p}{q}$ (p, q는 자연수)라 놓으면 식 (12.3)으로부터

$$0 < q!(e - S_q) < \frac{1}{q} \tag{12.4}$$

이고 가정에 의해 $q!e$는 자연수이다. 또한

$$q!S_q = q!\left(1 + 1 + \frac{1}{2!} + \cdots + \frac{1}{q!}\right)$$

도 자연수이므로 $q!(e - S_q)$는 자연수이다. $q \geq 1$이므로 부등식 (12.4)는 0과 1 사이에 자연수가 있음을 나타내어 모순이다. ■

12.2 이자의 복리 계산

이자가 뭔지 모르는 사람은 없다. 예를 들어, 연이율 10%로 돈을 N원을 빌리면 1년 후에는 이자 $N \times 0.1$만큼의 돈을 더 갚아야 한다. 즉 1년 후에 빚은 $N(1+0.1)$로 불어난다. 그럼 연리 10%가 아니라 반년마다 5%씩 이자를 붙이기로 하면 이것도 연리 10%와 같은 이자가 나올까? 그렇게 되지 않으리라는 것은 직감으로 알 수 있다. 왜냐하면 반년동안 늘어난 이자에도 또 이자가 붙기 때문이다.

N의 빚은 반년 후에는 $N \times (1+0.05)$로 불어나게 된다. 원리합계를 복리로 계산하면[2] 이 전체에 대해 다음 반년의 이자가 붙으므로 1년 후에는

$$N \times (1+0.05) \times (1+0.05) = N \times (1+0.05)^2 = N \times 1.1025$$

로 빚이 늘어난다. 이것은 앞의 $N \times (1+0.1)$보다 크다. 이와 같이 세세하게 분할하여 짧은 기간을 단위로 복리로 이자를 계산하면 1년 후의 이자율은 어떻게 될까?

연이율 x에 대해 이러한 계산을 해보자. 우선 반년마다 $\frac{x}{2}$만큼 이자를 붙일 경우, $\frac{1}{3}$년마다 $\frac{x}{3}$만큼 이자를 붙일 경우, $\frac{1}{4}$년마다 $\frac{x}{4}$만큼 이자를 붙일 경우, …와 같은 식으로 차례차례 계산해 가면 결과는 다음과 같다.

---

2) 원리합계 = 원금 $\times(1 + \text{이율})^{\text{기간}}$

기간을 세분할 때 1년 뒤 이자율과 원리합계

$$\left(1+\frac{x}{2}\right)^2 = 1+x+\frac{1}{4}x^2$$

$$\left(1+\frac{x}{3}\right)^3 = 1+x+\frac{1}{3}x^2+\frac{1}{27}x^3$$

$$\left(1+\frac{x}{4}\right)^4 = 1+x+\frac{3}{8}x^2+\frac{1}{16}x^3+\frac{1}{256}x^4$$

$$\vdots$$

$$\left(1+\frac{x}{100}\right)^{100} = 1+x+\frac{1}{2!}\left(\frac{99}{100}\right)x^2+\frac{1}{3!}\left(\frac{99}{100}\cdot\frac{98}{100}\right)x^3+\cdots$$

$$\vdots$$

이 다항식은 흥미롭게도 일정한 다항식으로 수렴한다. 이 식에서 x에 1을 대입하면 오일러 수가 된다. 즉, 이자율이 연이율 100%이면 연리를 1년을 점점 더 작은 단위로 무한히 계속 쪼개어 그 짧은 기간을 단위로 복리로 계산할 경우에 1년 후의 부채총액은 원금에 고정값인 오일러의 수 e를 곱한 값이 된다. 물론 복리를 적용할 수 있는 현실적인 단위는 하루 단위다(은행에서도 이렇게 한다). 과연 복리는 좋은 것일까? 당신은 이미 그 답을 알고 있을 것이다. 돈을 저금하고 있다면 '그렇다', 돈을 빌리고 있다면 '아니다'.

12.3 세상을 놀라게 한 아름다운 공식

지수함수와 삼각함수를 연결하는 **오일러의 공식**이라 부르는 식

$$e^{i\theta} = \cos\theta + i\sin\theta = \text{cis}\,\theta \tag{12.5}$$

에서 $\theta=\pi$로 놓으면 $\cos\pi=-1$, $\sin\pi=0$이므로 식

$$e^{\pi i}+1=0$$

을 얻을 수 있다. 이 식은 수학의 모든 분야에 있어서 가장 아름다운 방정식이다. 이 식에서 가장 중요한 연산(덧셈, 곱셈과 지수법)과 수학에서 가장 중요한 다섯 개의 상수 0, 1, e, π, i가 결합된 관계식이다.

12.4 e는 왜 중요한가?

많은 자연현상이나 사회현상에서 어떤 양은 그들의 크기에 비례하는 비율로 증가하거나 감소한다. 예를 들어, $y=f(t)$가 시각 t에서 동물이나 박테리아의 개체수이면 증가율인 $f'(t)$가 개체수 $f(t)$에 비례한다고 예상하는 것은 합리적 사고이다. 즉, 어떤 상수 k에 대해 $f'(t)=kf(t)$이다. 이상적인 조건(무제한의 환경, 적절한 영양, 질병에 대한 면역 등)에서 방정식 $f'(t)=kf(t)$로 주어진 수학적인 모형은 실제적으로 일어나는 일을 꽤 정확하게 예측할 수 있다. 이처럼 e는 주로 성장과 관련된 곳에서 찾아볼 수 있다. 경제 성장이나 인구 성장 $P=P_0e^{rt}$(여기서 P_0는 초기의 인구, r은 증가율, t는 기간을 나타낸다) 등이 그 예다.

핵물리학에서 방사성 물질의 경우 질량의 붕괴율은 질량에 비례하는 것으로 나타난다. 지수함수적 붕괴의 대상(방사능 물질)이 되는 양을 N으로 나타낼 때, 시간 t에서 N의 값은 식 $N(t)=N_0e^{-\lambda t}$로 나타낸다. 여기서 N_0는 N의 초기값이고 붕괴 상수 λ는 양의 상수이다. 이처럼 e를 바탕으로 해서 방사성붕괴 모형을 만드는 데 사용하는 곡선도 이것과 관련이 있다.

e라는 수는 성장과 관련이 없는 문제에서도 가끔 등장한다. 제임스 스털링(James Stirling)은 계승값 $n!=1\cdot 2\cdot 3\cdot \cdots \cdot n$의 놀라운 근사공식 $n!\sim\sqrt{2\pi n}\,n^ne^{-n}$을 구하였는데, 이 공식에도 e가 들어있다(여기에는 π도 들어있다). 그리고 통계학에서 자주 등장하는 정규분포의 '종형곡선'에도 $\int_{-\infty}^{\infty}e^{-x^2}dx=\sqrt{\pi}$ 처럼 e가 사용된다.

현수선(catenary)은 목걸이나 전선주처럼 굵기와 무게가 균일한 줄의 양끝을 같은 높이에 고정시켰을 때 그 사이에서 줄이 처진 모양이 이루는 곡선이다. e는 현수선의 방정식 $y=\frac{a}{2}(e^{\frac{x}{a}}+e^{-\frac{x}{a}})$에도 등장한다. 이 방정식에서 $a=1$이면 $y=\frac{1}{2}(e^x+e^{-x})$가 된다. 이 그래프는 $y=\frac{e^x}{2}$와 $y=\frac{e^{-x}}{2}$을 합성하면 현수선의 그래프를 얻을 수 있는데 얼핏 보면 포물선의 그래프와 모양이 비슷하다. 미국 미주리 주의 세인트루이스에 있는 게이트웨이 아치는 현수선을 뒤집어 놓은 모양이다. 이처럼 현수교를 지탱하는 케이블곡선의 디자인도 e를 바탕으로 이루어진다. 목록을 뽑자면 끝도 없다.

• 오일러 수의 약사

- 1618년 존 네이피어(John Napier) : 로그와 관련하여 상수 e를 만나다.
- 1727년 오일러 : 로그이론과 관련하여 e라는 표기법을 사용한다.
- 1737년 오일러 : e가 분수가 아닌 무리수임을 증명한다.
- 1748년 오일러 : e를 23자리까지 계산한다. 이즈음에 그는 유명한 공식 $e^{\pi i}+1=0$을 발견한 것으로 생각된다.
- 1840년 조제프 리우빌(Joseph Liouville) : e가 이차방정식의 해가 될 수 없음을 증명한다.
- 1873년 샤를 에르미트(Charles Hermite) : e가 초월수(대수방정식의 해가 될 수 없는 수)임을 증명한다.
- 1882년 페르디난트 폰 린데만 : 에르미트의 방법을 변형해서 π가 초월수임을 증명한다.
- 2007년 : e를 10^{11}자리까지 계산한다.

연습문제

1 수학적 귀납법을 이용하여 $n! > 2^{n-1}$ $(n \geq 3)$임을 보여라.

2 다음을 증명하여라.

(1) $\lim_{x\to\infty}\left(1+\frac{1}{x}\right)^x = e$ (2) $\lim_{x\to-\infty}\left(1+\frac{1}{x}\right)^x = e$

(3) $\lim_{x\to 0}(1+x)^{\frac{1}{x}} = e$

3 다음 수열의 극한을 구하여라.

(1) $\lim_{n\to\infty}\left(1+\frac{1}{n^2}\right)^{n^2}$ (2) $\lim_{n\to\infty}\left(1+\frac{2}{n}\right)^n$

(3) $\lim_{n\to\infty}\left(1+\frac{1}{2n}\right)^n$

4 다음 극한을 구하여라.

(1) $\lim_{x\to 0}\left(1+\frac{2}{3}x\right)^{\frac{2}{x}}$ (2) $\lim_{x\to\infty}\left(1-\frac{1}{2x}\right)^x$

(3) $\lim_{x\to-\infty}\left(1-\frac{1}{x}\right)^{2x}$

5 함수 $f(x) = \lim_{n\to\infty}\left(1-\frac{x}{n}\right)^n$으로 정의할 때 다음을 구하여라.

(1) $f(\frac{1}{2})$ (2) $\lim_{x\to\infty} f(x)$

6 다음을 증명하여라.

(1) $0 \leq a < b$이면

$$\frac{b^{n+1}-a^{n+1}}{b-a} > (n+1)a^n \ (n=1,\ 2,\ \cdots)$$

(2) (1)에서 $a = 1+\frac{1}{n+1}, b = 1+\frac{1}{n}$로 취하면

$$\left(1+\frac{1}{n}\right)^{n+1} > \left(1+\frac{1}{n+1}\right)^n\left[1+\frac{1}{n+1}+\frac{1}{n}\right] \ (n=1,\ 2,\ \cdots)$$

(3) $n=1,\ 2,\ \cdots$일 때

$$\left(1+\frac{1}{n+1}\right)^{n}\left[1+\frac{1}{n+1}+\frac{1}{n}\right]>\left(1+\frac{1}{n+1}\right)^{n+2}$$

(4) 수열 $\left\{\left(1+\frac{1}{n}\right)^{n+1}\right\}$은 극한 e를 갖는 감소수열이다.

13 황금비

13.1 황금비

두 점 A, B에 대하여 $\overline{\mathrm{AB}}$는 두 점 사이의 거리를 의미한다.

정의 13.1

주어진 선분 AB를 분할하는 점 G가 비례식 $\overline{\mathrm{AB}} : \overline{\mathrm{AG}} = \overline{\mathrm{AG}} : \overline{\mathrm{BG}}$를 만족할 때

그림 13-1

점 G는 선분 AB를 **황금분할**로 나눈다고 한다.

| 정리 13.2 | 황금분할비는 $\dfrac{\sqrt{5}-1}{2}$ 또는 $\dfrac{\sqrt{5}+1}{2}$이다.

증명 그림 13-1에서 $\overline{\mathrm{AG}} = x$, $\overline{\mathrm{BG}} = y$라 하면 비례식은 $x+y : x = x : y$이다. 즉, $x^2 = y(x+y)$이고, 정리하면 $x^2 - yx - y^2 = 0$이다. 따라서

$$\left(\frac{x}{y}\right)^2 - \frac{x}{y} - 1 = 0$$

지금 $\dfrac{x}{y} = t$로 두면

$$t^2 - t - 1 = 0$$

이차방정식을 풀면 해는 $t = \dfrac{1 \pm \sqrt{5}}{2}$이고, $t > 0$이므로

$$t = \frac{1+\sqrt{5}}{2} = 1.618\cdots$$

이다. 같은 방법으로 $\dfrac{y}{x} = \dfrac{\sqrt{5}-1}{2}$이다. ■

정의 13.3

황금분할비를 $\phi = \dfrac{1+\sqrt{5}}{2}$로 나타내고 ϕ를 **황금비(Golden ratio)**라고 한다. 한편 $\dfrac{1}{\phi} = \dfrac{\sqrt{5}-1}{2}$ 또한 황금비라 한다.

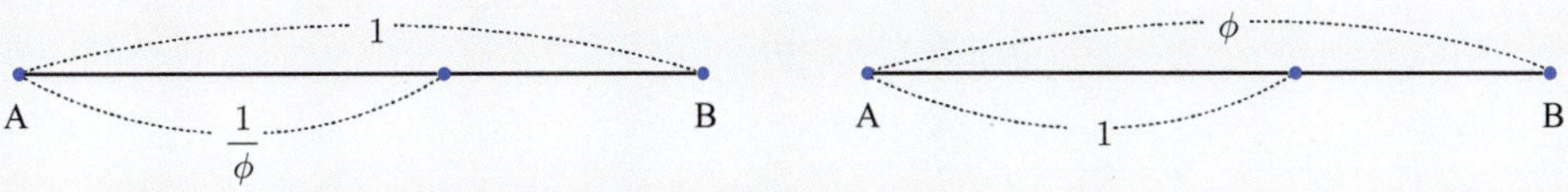

그림 13-2

| 정리 13.4 | 황금비는 $x^2 - x - 1 = 0$ 또는 $x^2 + x - 1 = 0$의 양의 해이다.

예제 13.1

$$\phi = 1 + \cfrac{1}{1 + \cfrac{1}{1 + \cfrac{1}{1 + \cdots}}}$$

은 황금비이다. 왜냐하면 $\phi = 1 + \dfrac{1}{\phi}$이므로 $\phi^2 - \phi - 1 = 0$의 양의 해이다.

예제 13.2

$$\phi = \sqrt{1 + \sqrt{1 + \sqrt{1 + \cdots}}}$$

은 황금비이다. 왜냐하면 $\phi = \sqrt{1+\phi}$이고, $\phi^2 - \phi - 1 = 0$을 만족한다.

예제 13.3 (피보나치 수열) 피보나치 수열은 1, 1, 2, 3, 5, 7, ⋯로 이루어진다. 즉, 일반항 a_n은 $a_n + a_{n+1} = a_{n+2}$를 만족한다. 이 일반항은

$$\begin{aligned} a_n &= \frac{1}{\sqrt{5}}\left\{\left(\frac{1+\sqrt{5}}{2}\right)^n - \left(\frac{1-\sqrt{5}}{2}\right)^n\right\} \\ &= \frac{1}{\sqrt{5}}(\phi^n - (-\phi)^{-n}) \end{aligned}$$

이고 $\lim_{n\to\infty}\frac{a_{n+1}}{a_n}=\phi$이다.

예제 13.4 직사각형 ABCD에서 선분 BC 위의 한 점을 P, 선분 CD 위의 한 점을 Q라 할 때 △APQ 외의 세 삼각형의 면적이 같을 필요충분조건은 $\frac{\overline{PC}}{\overline{BP}}=\frac{\overline{QC}}{\overline{DQ}}=\phi$이다. 즉, P와 Q는 황금분할점이다[2].

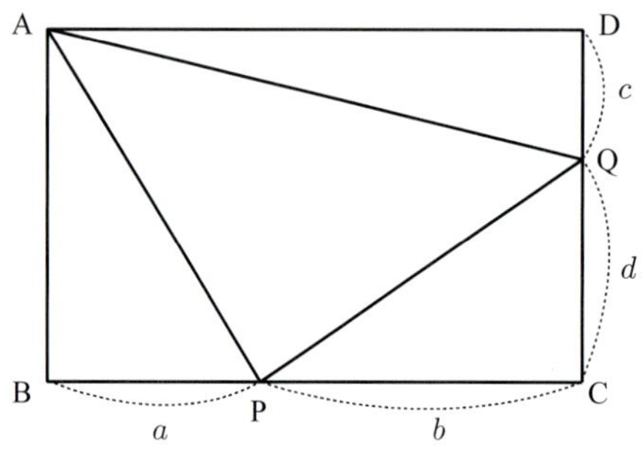

그림 13-3

풀이 그림 13-3에서 $\overline{BP}=a$, $\overline{PC}=b$, $\overline{DQ}=c$, $\overline{QC}=d$로 두면 △ABP, △PCQ, △AQD의 면적은 각각

$$\frac{a(c+d)}{2}=\frac{bd}{2}=\frac{c(a+b)}{2}$$

로 같다. 이 등식을 다시 정리하면

$$ac+ad=bd,\ ad=bc$$

따라서 $\frac{b}{a}=x$, $\frac{d}{c}=y$로 두면

$$1+y=xy,\ x=y$$

이다. 방정식을 풀면 $x^2-x-1=0$, 즉 $x=\phi$이다. ■

13.2 황금삼각형

예제 13.5 그림 13－4의 이등변삼각형 $\triangle ABC$에서 $\angle B$의 이등분선과 선분 AC의 교점을 점 D라 할 때, 닮음의 성질 $\triangle ABC \cong \triangle BCD$를 만족하는 삼각형은 어떤 삼각형인가?

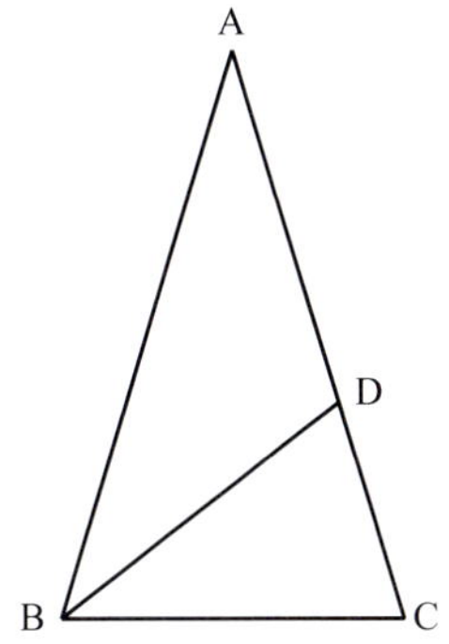

그림 13-4

풀이 먼저 $\angle B = x$, $\angle CBD = y$라 하면 $\frac{x}{2} = y$이다.

따라서 $2x + \frac{x}{2} = 180°$이므로 $5x = 360°$, 즉 $x = 72°$이다.

즉, 삼각형 ABC는 $\angle A = 36°$, $\angle B = 72°$, $\angle C = 72°$인 이등변삼각형이다.

■

정의 13.5

(황금삼각형) 그림 13－5의 삼각형을 **황금삼각형**이라 한다.

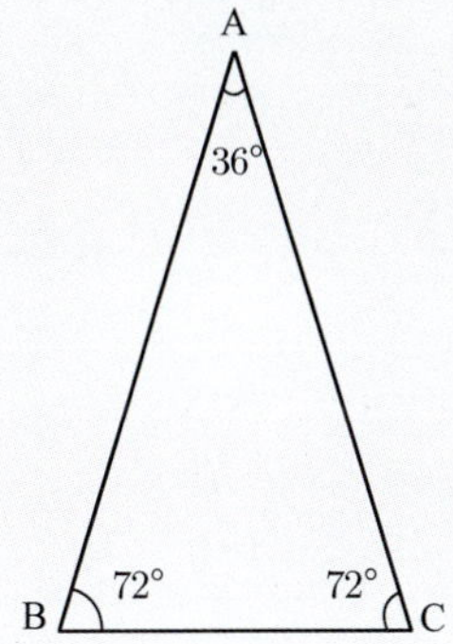

그림 13-5

| 정리 13.6 | 황금삼각형에서 변의 비는 황금비이다.

증명 그림 13-6에서 $\overline{\mathrm{AB}}=a$, $\overline{\mathrm{BC}}=b$라 두면 황금삼각형의 성질로부터

$$a:b=b:a-b$$

이므로 $b^2=a(a-b)$이고, 정리하면 $\dfrac{a}{b}=\phi=\dfrac{1+\sqrt{5}}{2}$이다.

따라서 $a=1$일 때 $b=\dfrac{\sqrt{5}-1}{2}=\dfrac{1}{\phi}$이고, $b=1$일 때 $a=\phi$이다. ■

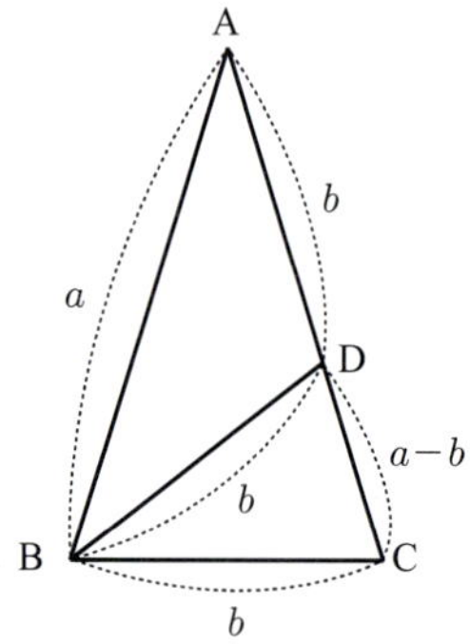

그림 13-6

참고 황금삼각형의 변의 비는 황금비로 이루어져 있다.

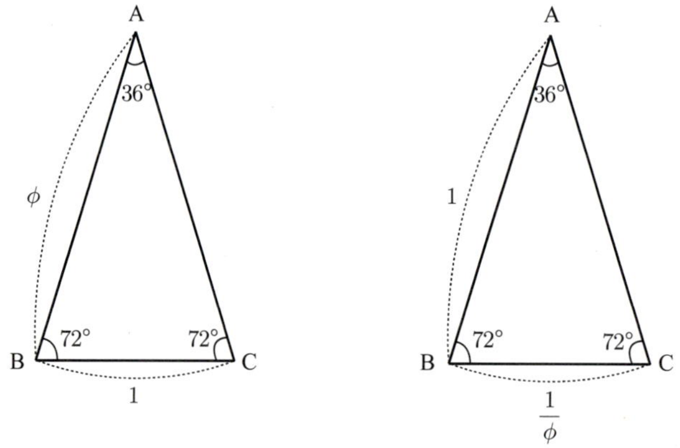

그림 13-7

13.3 정오각형과 황금비

| 정리 13.7 | 원주각과 중심각

원에서 원주각은 중심각의 반이다. 또한 같은 현에 대응하는 원주각은 모두 같다.

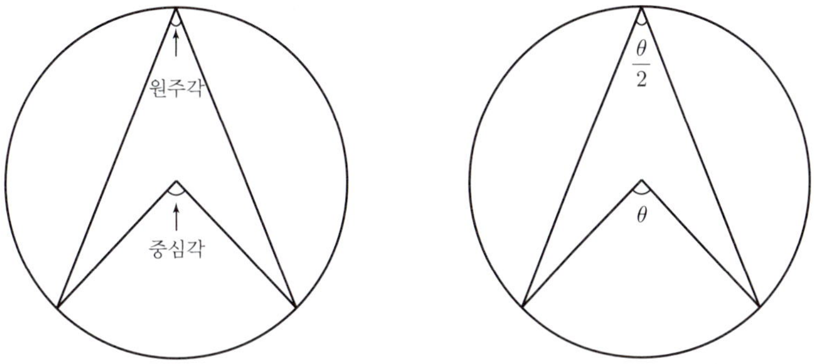

그림 13-8

| 정리 13.8 | 그림 13−9의 정오각형 $A_1A_2A_3A_4A_5$에서 $\triangle A_1A_3A_4$는 황금삼각형이다.

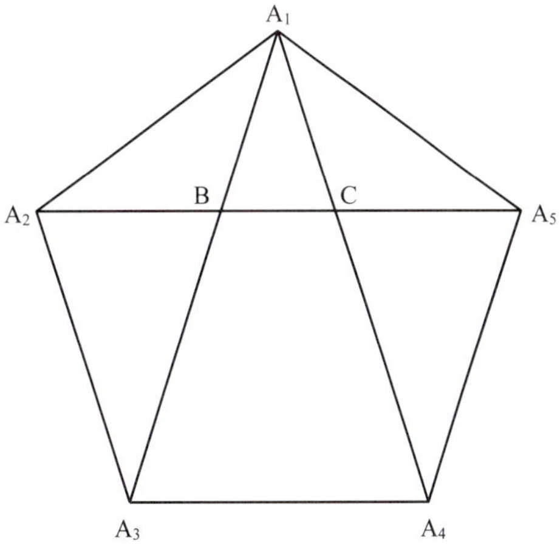

그림 13-9

증명 정오각형은 원에 내접한다. 그러므로 정리 13.7에서

$$\angle A_2A_1A_3 = \angle A_3A_1A_4 = \angle A_4A_1A_5 = 36°$$

이다. 또한 $\overline{A_1A_3} = \overline{A_1A_4}$이므로 $\triangle A_1A_3A_4$는 황금삼각형이다. ■

13.4 황금분할점 및 황금삼각형 작도

작도란 눈금없는 자와 컴퍼스를 가지고 그리는 것을 말한다.

(1) 황금분할점 작도

주어진 선분 AB를 황금분할하는 점 G를 찾아보자.

1단계. $\overline{AB}=a$라 하면 선분 AB에 수직이면서 점 B를 지나고, 길이가 $\frac{a}{2}$인 선분 BC를 그린다.

2단계. $\overline{CD}=\frac{a}{2}$인 점 D를 선분 AC 위에 찾는다. 이때 $\overline{AD}=\frac{\sqrt{5}-1}{2}a$이다.

3단계. $\overline{AG}=\frac{\sqrt{5}-1}{2}a$인 점 G를 선분 AB 위에서 찾으면 점 G는 선분 AB를 황금분할하는 점이다. 즉, $a=1$로 두면 $\overline{AG}=\frac{\sqrt{5}-1}{2}=\frac{1}{\phi}$임을 알 수 있다.

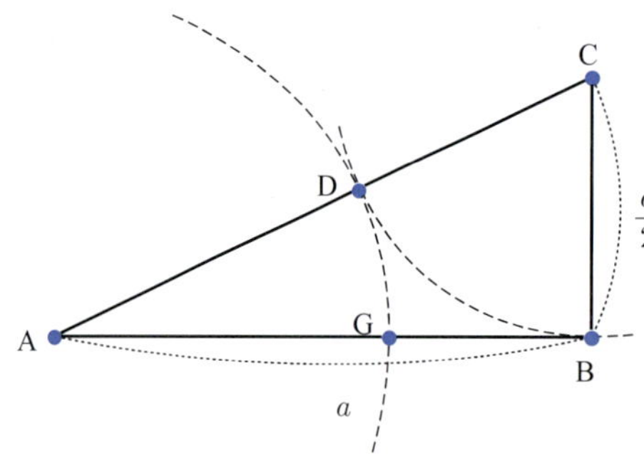

그림 13-10

(2) 황금삼각형 작도

$\overline{AB}=a$인 선분 AB를 밑변으로 하는 황금삼각형을 그려보자. 정리 13.6으로부터 이웃하는 변의 길이는 $\phi a=\frac{\sqrt{5}+1}{2}a$이다. 따라서 다음과 같은 단계로 황금삼각형을 작도할 수 있다.

1단계. 선분 AB에 수직이등분선을 긋는다. 그리고 선분 AB와 수직이등분선의 교점을 M이라 하자.

2단계. 수직이등분선 위에서 $\overline{CM} = \overline{AB} = a$를 만족하는 점 C를 잡으면 $\overline{AC} = \frac{\sqrt{5}}{2}a$ 이다.

3단계. 선분 AC의 연장선상에 길이가 $\overline{CD} = \frac{a}{2}$인 점 D를 잡는다.

이때 $\overline{AD} = \frac{\sqrt{5}+1}{2}a$가 된다.

4단계. 점 A를 중심으로 반지름 $\overline{AD}$인 원이 수직이등분선과 만나는 점을 E라 하자. 이때 $\triangle EAB$는 황금삼각형이 된다.

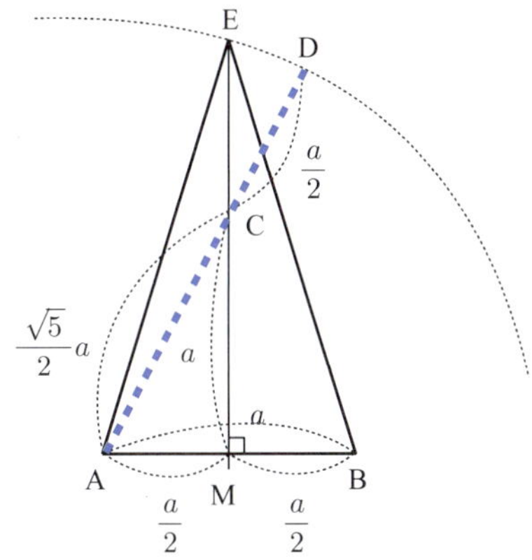

그림 13-11

(3) 정오각형 작도

정다각형 중에서 자와 컴퍼스만을 가지고 그릴 수 있는 도형은 그리 많지 않다. 그중에 정삼각형, 정사각형, 정오각형, 정육각형, 정팔각형은 작도할 수 있다. 그러나 정칠각형, 정구각형은 자와 컴퍼스만을 가지고 그릴 수 있는 방법이 없다. 그리고 정n각형을 작도할 수 있다면 정$2n$각형을 작도할 수 있다. 이 중에 정오각형은 앞에서 보았듯이 황금비의 집합체로서 정다각형 중에서 가장 아름다운 도형이라고 한다. 그러나 직접 작도하는 방법은 간단하지가 않다. 여기서는 다양한 정오각형의 작도법을 알아보자.

① **한 변이 주어질 때 정오각형의 작도** 한 변의 길이가 a인 정오각형을 작도하는 방법은 밑변이 a인 황금삼각형의 작도로 쉽게 작도할 수 있다.

② **정사각형에 꽉 찬 정오각형의 작도** 정사각형의 한 변의 길이가 a라 하자. 그러면 꽉 찬 정오각형은 대각선의 길이가 a인 정오각형이다. 그러므로 정오각형 한 변의 길이는 $\frac{\sqrt{5}-1}{2}a$가 된다.

1단계. (1)에서와 같이 황금분할점 G를 찾고 선분 AG가 정중앙에 위치하도록 한다. 이것은 선분 GB를 이등분한 다음 선분 AG를 오른쪽으로 $b=\frac{1}{2}\overline{\text{GB}}$만큼 이동시킨다.

2단계. A′, B′를 중심으로 반지름 $\overline{\text{A}'\text{B}'}$인 원이 선분 AD, 선분 BC와 만나는 점을 각각 D′, C′라 한다.

3단계. D′와 C′에서 반지름 $\overline{\text{A}'\text{B}'}$인 두 원이 만나는 점을 E라 한다. 이때 오각형 A′B′C′ED′가 꽉찬 정오각형이다.

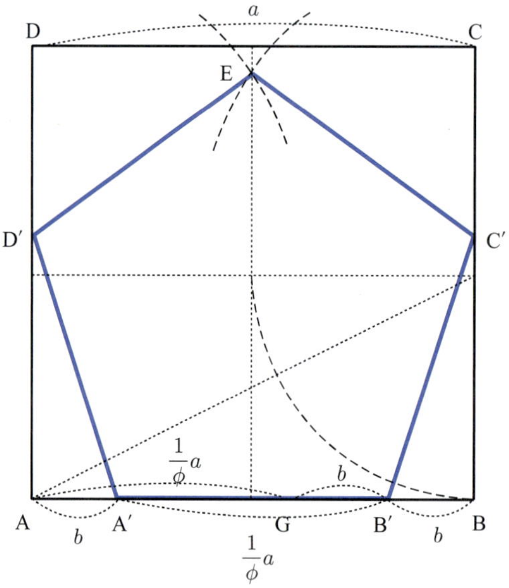

그림 13-12

③ **반지름 a인 원에 내접하는 정오각형 작도** 우선 반지름이 a인 원에 내접하는 정오각형의 한 변의 길이 x를 계산해 보자.

그림 13-13에서

$$\frac{x^2}{4} = (a\cos 54°)^2$$

이고, 황금삼각형에서

$$\cos 54° = \frac{\sqrt{3-\phi}}{2}$$

이므로

$$x^2 = a^2 + \left(\frac{\sqrt{5}-1}{2}a\right)^2$$

즉, 한 변의 길이는 피타고라스의 정리로부터 직각을 낀 두 변의 길이가 a, $\frac{\sqrt{5}-1}{2}a$ 인 직각삼각형의 빗변이다.

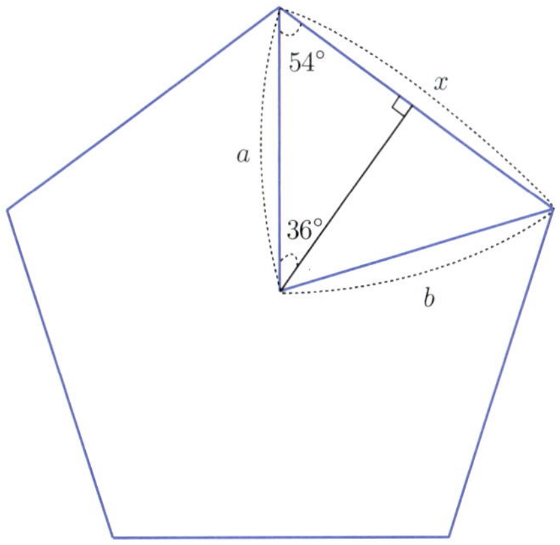

그림 13-13

이 사실로부터

1단계. 원에서 수직인 두 지름을 작도한다(직각삼각자를 이용하여 지름을 긋는다). 이 지름의 끝점을 그림 13-14에서와 같이 각각 A, B, C, D라 하자.

2단계. 선분 OC의 수직이등분선을 그리고 그 교점을 E라 하자.

이때 선분 $\overline{\mathrm{DE}} = \frac{\sqrt{5}}{2}a$이다.

3단계. 중심을 E로 반지름이 $\overline{\mathrm{DE}}$ 인 원을 그리고 선분 AC와 만나는 점을 F라 하자.

이때 $\overline{FO}=\dfrac{\sqrt{5}-1}{2}a$이다. 따라서 직각삼각형 $\triangle DFO$가 두 변이 $\overline{OD}=a$, $\overline{OF}=\dfrac{\sqrt{5}-1}{2}a$인 직각삼각형이다. 그러므로 $\overline{DF}$가 반지름 a인 원에 내접하는 정오각형의 한 변의 길이이다.

4단계. 점 D를 중심으로 하고, 반지름 $\overline{DF}$인 원이 바깥 원과 만나는 점을 A_1이라고 하자. 이렇게 반복하면 원에 내접하는 정오각형을 작도할 수 있다.

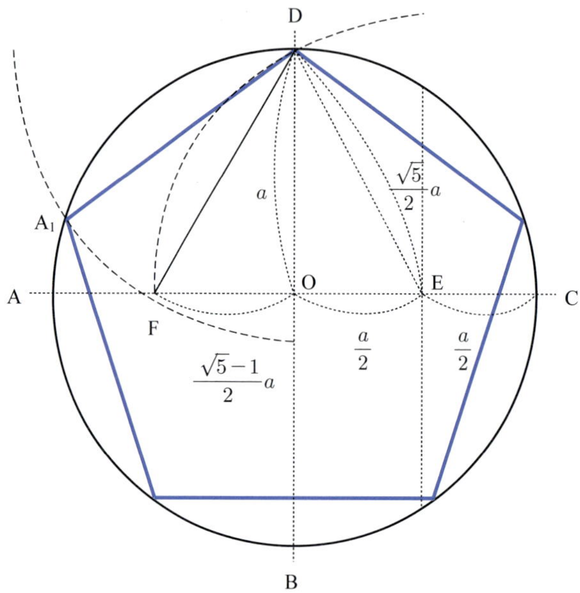

그림 13-14

연습문제

1 $\sin 18°$, $\cos 18°$, $\sin 36°$, $\cos 36°$, $\sin 54°$, $\cos 54°$의 값을 황금비로 나타내어라.

2 정오각형에서 모든 대각선을 그었을 때, 생기는 황금삼각형은 몇 개인지 구하여라.

3 정사각형 모양의 색종이로 한 변을 황금분할하는 점을 종이접기만으로 찾아라.

4 한 변이 주어질 때 정오각형을 작도하여라.

5 정사각형 모양의 색종이, 원 모양의 색종이를 가지고 정오각형을 접어라.

14 여러 재미있는 수학

14.1 산술 · 기하 · 조화평균

정의 14.1

두 양수 a, b에 대하여 다음과 같은 평균값을 정의한다.

$$\textbf{산술평균} = \frac{a+b}{2}, \quad \textbf{기하평균} = \sqrt{ab}, \quad \textbf{조화평균} = \frac{2ab}{a+b}$$

참고 조화평균은 $\frac{1}{a}$, $\frac{1}{b}$의 산술평균의 역수이다. 즉, 조화평균은

$$\text{조화평균} = \frac{1}{\dfrac{\frac{1}{a}+\frac{1}{b}}{2}}$$

예제 14.1 ① (산술평균의 예) 철수의 수와 논리의 중간고사 점수가 80점, 기말고사 점수가 90점일 때 평균 점수는 $\frac{80+90}{2}=85$점이다.

② (기하평균의 예) 두 변의 길이가 a, b인 직사각형을 면적이 같은 정사각형으로 변형할 때 정사각형의 한 변의 길이는 $\sqrt{ab}$이다.

③ (기하평균의 예) 첫 해 a원을 투자해서 1년 만에 3배의 소득을 얻고, 그 다음 해에 4배의 소득을 올렸을 때, 평균 소득은 몇 배인가? 처음 1년 후의 소득은 $3a$, 2년 후의 소득은 $4(3a)=12a$이다. 따라서 연 평균 소득을 x배라 하면 $x^2=12$, 즉 $x=\sqrt{3\cdot 4}$이다.

④ (조화평균의 예) 주어진 거리 S를 갈 때는 a의 속력으로, 올 때는 b의 속력으로 달렸다면 평균속력은 얼마인가? 갈 때 걸린 시간이 t_1, 올 때 걸린 시간이 t_2라 하면 $t_1=\frac{S}{a}$, $t_2=\frac{S}{b}$이다.

이때 평균속력 $v=\frac{\text{총 거리}}{\text{총 걸린 시간}}=\frac{2S}{t_1+t_2}$이다. 따라서 $v=\frac{2ab}{a+b}$이다.

| 정리 14.2 | 두 양수 a, b에 대하여

$$\frac{a+b}{2} \ge \sqrt{ab} \ge \frac{2ab}{a+b}$$

등호가 성립할 필요충분조건은 $a=b$이다.

증명 도형을 활용하여 증명한다. 우선 길이가 $a+b$인 선분 AB의 길이를 지름으로 하는 반원을 그린다. 일반성을 잃지 않고 $a \le b$라 하자. 이때 중심을 O, 선분 AB 위의 점 G는 $\overline{AG}=a$, 점 M은 선분 AB의 수직이등분선과 반 원의 교점, 점 N 은 G를 지나고 선분 AB에 수직인 직선과 반 원의 교점, 점 H는 점 G에서 선분 ON에 내린 수선의 발이라 하자.

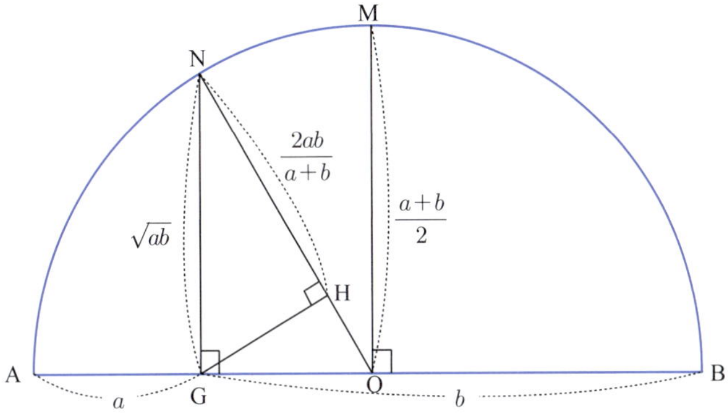

그림 14-1

그림 14-1에서 $\overline{OM}=\dfrac{a+b}{2}$(반지름), $\overline{GN}=\sqrt{ab}$, $\overline{HN}=\dfrac{2ab}{a+b}$($\triangle$GHN과 $\triangle$OGN의 닮음을 이용하여 증명가능하다). 더구나 그림으로부터 $\overline{OM} \ge \overline{GN} \ge \overline{HN}$임을 알 수 있다. 따라서 정리가 증명된다. ■

| 정리 14.3 | 주어진 원에서 두 현이 원의 내부에서 만날 때 다음이 성립한다.

$$\overline{AG}\cdot\overline{CG}=\overline{BG}\cdot\overline{DG}$$

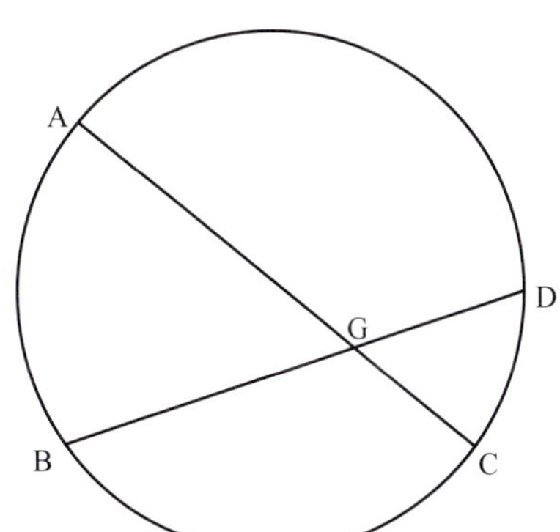

그림 14-2

증명 원주각과 중심각의 성질에 의해 $\triangle ABG$와 $\triangle DCG$는 닮은 삼각형이다. 그러므로 대응하는 변의 비례식 $\overline{AG}:\overline{DG}=\overline{BG}:\overline{CG}$가 성립한다. 따라서 증명이 된다. ■

| 정리 14.4 | 평균의 일반화

양의 실수 a_1, $\cdots$, a_n에 대하여

$$\frac{a_1+\cdots+a_n}{n} \ge \sqrt{a_1\cdots a_n} \ge \frac{n}{\frac{1}{a_1}+\cdots+\frac{1}{a_n}}$$

등호가 성립할 필요충분조건은 $a_1=\cdots=a_n$이다.

증명 수학적 귀납법으로 증명할 수 있다. ■

14.2 삼각형의 면적

| 정리 14.5 | 헤론의 공식

$\triangle ABC$의 면적을 S, 세 변의 길이를 a, b, c라 할 때,

$$S=\sqrt{p(p-a)(p-b)(p-c)}$$

여기서 $p=\frac{a+b+c}{2}$이다.

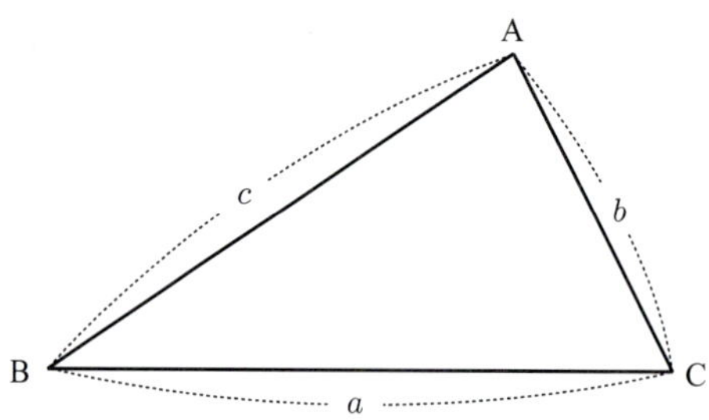

그림 14-3

증명 주어진 $\triangle \mathrm{ABC}$의 꼭짓점 A에서 대변에 내린 수선의 발을 H라 하자(그림 14−4). 만약 $\overline{\mathrm{AH}}=h$, $\overline{\mathrm{HC}}=x$로 두면 피타고라스 정리로부터

$$h^2=c^2-(a-x)^2=b^2-x^2$$

이다. 따라서

$$x=\frac{a^2+b^2-c^2}{2a},\quad h^2=\frac{4a^2b^2-(a^2+b^2-c^2)^2}{4a^2}$$

이다. 그러므로

$$S^2=\frac{1}{4}a^2h^2=\frac{1}{16}\{4a^2b^2-(a^2+b^2-c^2)^2\}$$

우변을 인수분해하면

$$S^2=\frac{1}{16}(a+b+c)(a+b-c)(c+a-b)(b+c-a)$$

$$=p(p-a)(p-b)(p-c)$$

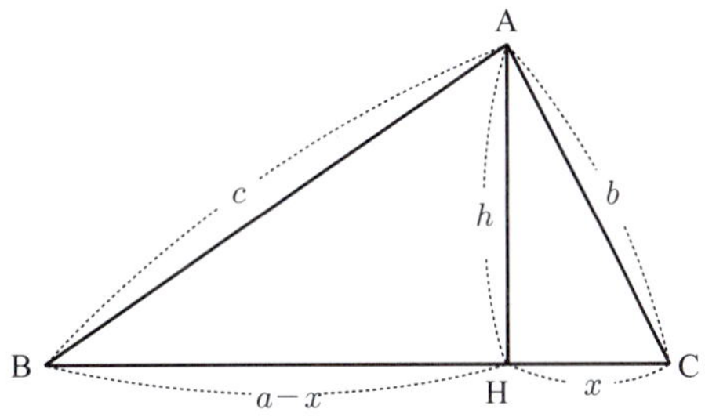

그림 14−4 ∎

| 정리 14.6 | 세 변의 길이가 a, b, c인 삼각형의 면적 S는 다음 부등식

$$S\leq\frac{1}{3\sqrt{3}}\left(\frac{a+b+c}{2}\right)^2$$

을 만족한다. 등호가 성립할 필요충분조건은 $a=b=c$, 즉 정삼각형일 때이다.

증명 기하평균과 산술평균의 관계로부터

$$(p-a)(p-b)(p-c)^{\frac{1}{3}} \le \frac{3p-(a+b+c)}{3} = \frac{p}{3} \qquad (14.1)$$

따라서

$$\sqrt{(p-a)(p-b)(p-c)} \le \sqrt{\left(\frac{p}{3}\right)^3} \qquad (14.2)$$

즉, 삼각형의 면적은 식 (14.2)로부터

$$S \le \frac{p^2}{3\sqrt{3}}$$

등호가 성립한 조건은 식 (14.1)과 (14.2)로부터 $a=b=c$일 때이다. ■

| 따름정리 14.7 | 세 변의 길이의 합이 일정할 때 면적이 최대인 삼각형은 정삼각형이다.

14.3 등주부등식

옛날에 한 부자가 죽을 때가 되어서 하인들에게 마지막으로 다음과 같이 유산을 배분해 주겠노라고 했다. "지금까지 나를 위하여 고생을 무척이나 많이 하였다. 내가 너희들에게 나누어 줄 것이라고는 땅 밖에 없는데, 여기 길이가 일정한 끈을 가지고 너희들이 갖고 싶은 땅의 영역을 만들어 가져라." 이에 하인들은 제각각 끈을 가지고 밭에 가서 자기가 가질 땅의 경계를 만들었다. 삼각형 모양, 사각형 모양, 원 모양 등등. 누가 가장 면적이 큰 땅을 가졌겠는가?

| 수학적 질문 | 평면 위에서 닫힌 곡선의 길이가 일정할 때 면적이 가장 큰 도형은 무엇인가?

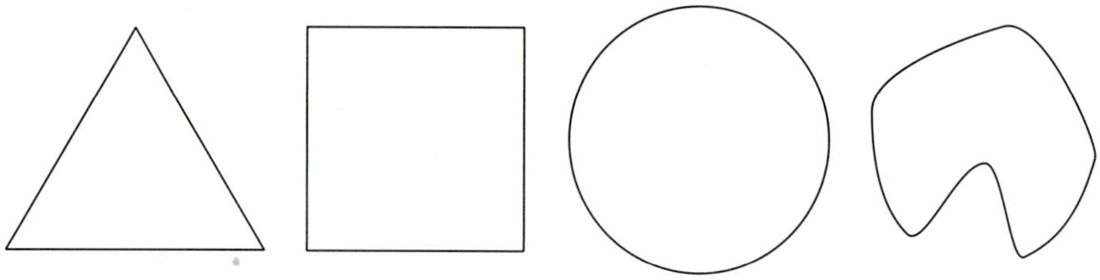

그림 14-5

| 정리 14.8 | 등주부등식, 等周不等式

평면 위에서 닫힌 곡선 C의 길이를 L이라 하고, 그 내부의 넓이를 A라 하면 모든 곡선에 대해서

$$L^2 \geq 4\pi A$$

가 성립한다. 여기서 등호가 성립할 필요충분조건은 곡선 C가 원일 때이다.

증명 증명은 다소 어려운 수학적 방법을 사용해야 하므로 생략한다. 다만 관심있는 독자는 참고문헌 [9]를 참고하면 도움이 될 것이다. ■

| 따름정리 14.9 | 평면 상에서 주어진 길이의 곡선 중에서 가장 큰 넓이를 둘러싸는 것은 원이다.

참고 위의 따름정리는 공간에서도 성립한다. 즉, 주어진 겉넓이의 닫힌 곡면 중에서 가장 큰 부피를 둘러싸는 것은 구(공)이다.

14.4 페르마의 점

정의 14.10

어떤 도형의 꼭짓점으로부터 거리의 합이 최소가 되는 점을 **페르마의 점**이라 한다.

| 정리 14.11 | 임의의 삼각형 $\triangle$ABC의 각 변을 한 변으로 하는 정삼각형을 각각 $\triangle$ABC′, $\triangle$A′BC, $\triangle$AB′C 라 할 때,

(1) $\overline{AA'} = \overline{BB'} = \overline{CC'}$

(2) 세 선분 AA′, BB′, CC′은 한 점 F에서 만난다.

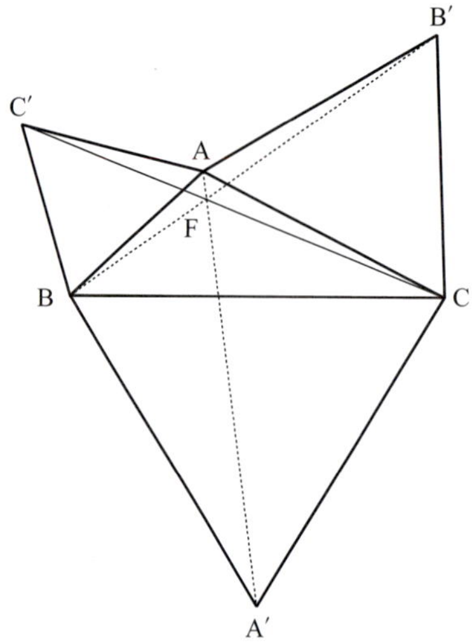

그림 14-6

증명 (1) 점 B를 기준으로 시계 반대방향으로 60° 회전하면 점 A는 점 C′로, 점 A′는 점 C로 대응된다. 더구나 회전이동은 거리를 보존하므로 $\overline{AA'}=\overline{CC'}$이다. 유사하게 점 C를 기준으로 60° 회전하면 $\overline{AA'}=\overline{BB'}$임을 알 수 있다.

(2) 우선 두 선분 AA′과 CC′의 교점을 F라 하자.
이때 $\angle BFA' + \angle A'FC + \angle CFB' = 180^\circ$ 임을 증명하면 세 선분 AA′, BB′, CC′은 한 점 F에서 만나는 것이 증명된다.

(i) 점 B, A′, C, F는 같은 원 위에 놓인다. 왜냐하면 $\triangle ABA' \equiv \triangle C'BC$(합동)이므로 $\angle BA'A = \angle BCC'$이다. 그러므로 원주각의 성질에 의해 성립한다. 또한

$$\angle BFA' = \angle BCA' = 60^\circ,$$
$$\angle A'FC = \angle A'BC = 60^\circ \tag{14.3}$$

같은 방법으로

$$\angle BFC' = \angle AFC' = 60^\circ \tag{14.4}$$

따라서 식 (14.3)과 (14.4)로부터

$$\angle AFC = 120^\circ \tag{14.5}$$

(ii) 점 A, F, C, B′는 같은 원 위에 놓인다.

식 (14.5)로부터 $\angle AFC + \angle B' = 180°$ 이므로 성립한다. 따라서 원에서 원주각의 성질로부터

$$\angle CFB' = \angle CAB' = 60° \tag{14.6}$$

이다. 그러므로 식 (14.3)과 (14.6)으로부터 세 선분은 한 점 F에서 만난다. ■

| 정리 14.12 | 페르마의 점

예각삼각형 △ABC에서 페르마의 점은 그림 14-6에서의 점 F이다.

증명 (1) 삼각형 △ABC 안의 임의의 점 P를 잡고 꼭짓점 A, B, C를 잇는 선분을 긋는다. 그리고 삼각형 △ABP를 점 B를 기준으로 60° 회전하여 삼각형 △C′BP′을 만든다.

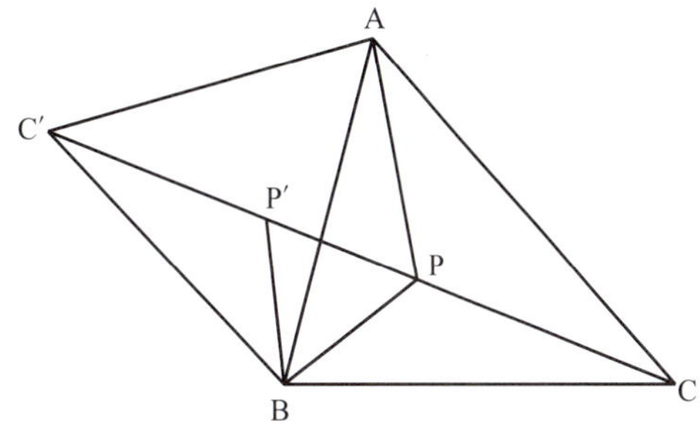

그림 14-7

(2) 삼각형 △ABC′은 정삼각형이므로

$$\overline{PA} = \overline{P'C'},\ \overline{PB} = \overline{P'B}$$

가 성립한다. 따라서 삼각형 △BPP′이 정삼각형이므로

$$\overline{PB} = \overline{P'P}$$

이다. 따라서

$$\overline{PA} + \overline{PB} + \overline{PC} = \overline{P'C'} + \overline{P'B} + \overline{PC}$$

이므로 좌변이 최소가 되는 경우는 점 P가 선분 CC′ 위에 놓여있을 때이다.

(3) 같은 방법으로 하면 최소가 되는 점은 선분 AA′ 위에도 있어야 하고, 선분 BB′ 위에도 있어야 한다. 따라서 그림 14-6에서의 점 F가 페르마의 점이다. ■

| 따름정리 14.13 | 예각삼각형에서 페르마의 점에서 꼭짓점까지의 선분을 그었을 때 이루는 각은 120° 이다.

예제 14.2 (페르마 점의 응용) 바다 속의 세 곳에서 기름을 뽑는 유전이 있고, 뽑은 기름을 한곳으로 모은 다음 바다 밖으로 운반하려고 한다. 이런 경우 어느 지점에 저장 탱크를 만들면 효과적인가?

연습문제

1　정리 14.2에서 $\overline{\mathrm{GN}} = \sqrt{ab}$ 임을 증명하여라.

2　가로 a, 세로 b인 직사각형의 면적과 똑같은 면적의 정사각형을 작도하여라.

〈힌트〉 $\sqrt{ab}$ 인 한 변을 작도하여라.

3　다음 그림에서 부피와 높이가 일정한 원기둥, 삼각기둥, 사각기둥 중에 겉넓이가 가장 작은 것은 어느 것인가?

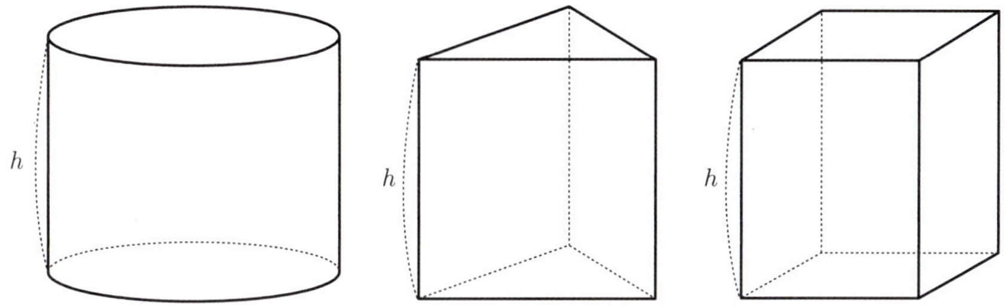

4　음료수 캔이 원기둥 모양인 이유를 수학적 및 경제학적으로 설명하여라.

5　세 점 A(0, 0), B(4, 0), C(1, 6)를 꼭짓점으로 하는 삼각형의 페르마의 점의 좌표를 구하여라.

연습문제 풀이

1. 명제와 논리

2. '어떤 $x \in \mathrm{R}$에 대해 $x^2+2x+1<0$이다.' (F)

4. (2) $\sim[\mathrm{p} \vee (\sim \mathrm{p} \wedge \mathrm{q})] \equiv \sim \mathrm{p} \wedge [\sim(\sim \mathrm{p} \wedge \mathrm{q})]$
$$\equiv \sim \mathrm{p} \wedge (\mathrm{p} \vee \sim \mathrm{q})$$
$$\equiv (\sim \mathrm{p} \wedge \mathrm{p}) \vee (\sim \mathrm{p} \wedge \sim \mathrm{q})$$
$$\equiv \sim \mathrm{p} \wedge \sim \mathrm{q}$$

6. (2) $\exists x>0,\ \forall y>0,\ ax+by \geq 0 \rightarrow b>0$

2. 경우의 수

2. 48

4. (1) 70 (2) 715

6. 126

8. 1001

10. 44

11. 정사각형을 한 변의 길이가 $\frac{1}{2}$인 4개의 정사각형으로 분할하면 적어도 세 점은 하나의 작은 정사각형에 속하게 된다.

12. 100개의 자연수를 50개의 그룹

$$\{1, 100\},\ \{2, 99\},\ \{3, 98\},\ \cdots,\ \{50, 51\}$$

로 나누어 생각하면 된다.

13. 점의 좌표는

(짝수, 짝수), (짝수, 홀수), (홀수, 짝수), (홀수, 홀수)

중 하나이다. 따라서 5개의 점 중 적어도 두 개는 좌표의 형태가 같다.
그런데 (짝수+짝수)/2와 (홀수+홀수)/2는 모두 정수이다.

14. i번째 날 푼 문제 수를 a_i라 하고 연속한 이틀 동안 푼 문항의 수가 9문제 이하라고 하면

$$a_1+a_2 \leq 9,\ a_3+a_4 \leq 9,\ a_5+a_6 \leq 9,\ a_7 \leq 9$$

이므로 $a_1+a_2+\cdots+a_7 \leq 36$이고 이것은 모순이다.

15. 11개의 자연수를 $a_1 < a_2 < \cdots < a_{11}$이라 하면 차들의 합은

$$(a_2 - a_1) + (a_3 - a_2) + \cdots + (a_{11} - a_{10}) = a_{11} - a_1 \le 98$$

이다. 따라서 10개의 차 중 하나는 10 이하이다.

16. 5개의 수를 3으로 나누면 나머지는 각각 0, 1, 2 중 하나이다. 5개의 수 중 나머지가 같은 수가 적어도 3개 존재하면 그 세 수의 합이 3의 배수이다. 나머지 경우는 다음과 같다.

	경우 1	경우 2	경우 3
나머지가 0인 수의 개수	2	2	1
나머지가 1인 수의 개수	2	1	2
나머지가 2인 수의 개수	1	2	2

어느 경우나 나머지가 0, 1, 2인 수를 하나씩 택하여 더하면 3의 배수가 된다.

18. (1) $n2^{n-1}$ (2) ${}_{2n}\mathrm{C}_n$

3. 확률

2. 눈의 합이 3인 경우 : (1, 2), (2, 1)
눈의 합이 6인 경우 : (1, 5), (2, 4), (3, 3), (4, 2), (5, 1)
눈의 합이 9인 경우 : (3, 6), (4, 5), (5, 4), (6, 3)
눈의 합이 12인 경우 : (6, 6)

모두 12가지이므로 확률은 $\frac{1}{3}$이다.

4. 두 번 모두 흰색이 나올 확률 : $\frac{3}{6} \times \frac{3}{6} = \frac{1}{4}$

두 번 모두 검은색이 나올 확률 : $\frac{2}{6} \times \frac{2}{6} = \frac{1}{9}$

두 번 모두 노란색이 나올 확률 : $\frac{1}{6} \times \frac{1}{6} = \frac{1}{36}$

따라서 구하는 확률은 $\frac{1}{4} + \frac{1}{9} + \frac{1}{36} = \frac{7}{18}$이다.

6. 흰 공이 4개인 확률 : $\frac{{}_7\mathrm{C}_4 \times {}_3\mathrm{C}_1}{{}_{10}\mathrm{C}_5} = \frac{15}{36}$

흰 공이 5개인 확률 : $\frac{{}_7\mathrm{C}_5}{{}_{10}\mathrm{C}_5} = \frac{3}{36}$

따라서 구하는 확률은 $\frac{15}{36}+\frac{3}{36}=\frac{1}{2}$이다.

8. 앞면이 적어도 두 번 나올 사건을 A, 첫 번째 시행에서 앞면이 나올 사건을 B 라 하면 $P(A)=\frac{4}{8}$이고 $P(A\cap B)=\frac{3}{8}$이므로 $P(B|A)=\frac{P(B\cap A)}{P(A)}=\frac{3}{4}$이다.

10. 두 주사위의 눈이 다를 사건을 A, 두 눈이 모두 홀수일 사건을 B라 하면 $P(A)=\frac{30}{36}$ 이고 $P(A\cap B)=\frac{6}{36}$이므로 $P(B|A)=\frac{P(B\cap A)}{P(A)}=\frac{1}{5}$이다.

12. B 동전이 택해질 사건을 B, 앞면이 나올 사건을 H라 하면 전확률 공식에 의하여 $P(H)=\frac{1}{3}\times\frac{1}{2}+\frac{1}{3}\times\frac{1}{3}+\frac{1}{3}\times\frac{1}{4}=\frac{13}{36}$이다.

따라서 베이즈 공식에 의하여 $P(B|H)=\frac{P(B)P(H|B)}{P(H)}=\frac{1/3\times 1/3}{13/36}=\frac{4}{13}$이다.

4. 그래프 이론

2. 꼭짓점의 수를 v라 하자. 단순그래프이므로 변의 수는 최대 $\frac{v(v-1)}{2}$이다. 따라서 $50\le\frac{v(v-1)}{2}$이므로 v의 최솟값은 11이다.

3. 꼭짓점의 수를 v라 하면 $25\ge\frac{4v}{2}$이므로 v의 최댓값은 12이다.

7. 꼭짓점의 수를 v라 하고 변의 수를 e라 하자. 모든 꼭짓점의 차수를 5 이상이라 하면 $5v\le 2e$이다. 그리고 정리 4.17에 의하여 $v\ge\frac{e}{3}+2$이다. 따라서 $5\left(\frac{e}{3}+2\right)\le 2e$이고 $30\le e$이므로 모순이다.

8. 32개의 면 중에서 하나를 제거하고 나머지 부분을 펼쳐서 평면에 그린 그래프를 생각하자. 이 그래프의 면의 수는 32이고 변의 수는 $(12\times5+20\times6)/2=90$이다. 따라서 꼭짓점의 수를 v라 하면 $v-90+32=2$이므로 $v=60$이다.

9. 그래프 G의 면의 수를 f라 하면 $f=2+(3n-6)-n=2n-4$이다. 그리고 면의 차수의 합은 변의 수의 2배이므로 $6n-12$이다. 그런데 각 면의 차수는 3 이상이므로 면의 차수의 합은 $3f=6n-12$ 이상이다. 면의 차수의 합이 최솟값을 가지는 경우이므로 모든 면은 삼각형이다.

10. 꼭짓점의 수를 v라 하면 $v-\frac{3v}{2}+15=2$이므로 $v=26$이다.

5. 수학적 귀납법과 나눗셈 정리

2. (1) $n! > n^2 (n \geq 4)$

(i) $n=4$인 경우 $4! > 4^2$이므로 주어진 부등식은 참

(ii) $n=k(k \geq 4)$일 때, $k! > k^2$ …㉠

이 성립한다고 가정하자.

㉠의 양변에 $(k+1)$을 곱하면,

$$k!(k+1) > k^2(k+1) > (k+1)^2$$

따라서 $(k+1)! > (k+1)^2$이므로 $n=k+1$일 때도 성립

(2) $n! > n^3 (n \geq 6)$

(i) $n=6$인 경우 $6! > 6^3$이므로 주어진 부등식은 참

(ii) $n=k(k \geq 6)$일 때, $k! > k^3$ …㉡

이 성립한다고 가정하자.

㉡의 양변에 $(k+1)$을 곱하면,

$$k!(k+1) > k^3(k+1) > (k+1)^3$$

따라서 $(k+1)! > (k+1)^3$이므로 $n=k+1$일 때도 성립

4. (2) t가 삼각수 $\Leftrightarrow\ \exists\, n \in N\ ;\ t=\frac{n(n+1)}{2}$

$$\Leftrightarrow\ \exists\, n \in N\ ;\ \delta t+1=4n(n+1)+1=(2n+1)^2$$

(4) t가 삼각수이므로 어떤 자연수 n에 대해, $t=\frac{n(n+1)}{2}$이다. 그러면,

$$9t+1=\frac{9n(n+1)}{2}+1=\frac{9n^2+9n+2}{2}=\frac{(3n+1)(3n+2)}{2}$$

$$25t+3=\frac{25n(n+1)}{2}+3=\frac{25n^2+25n+6}{2}=\frac{(5n+2)(5n+3)}{2}$$

$$49t+6=\frac{49n(n+1)}{2}+6=\frac{49n^2+49n+12}{2}=\frac{(7n+3)(7n+4)}{2}$$ 이므로

주어진 수들도 모두 삼각수이다.

6. (i) $r=1$인 경우, (좌변) $=1$, (우변) $=\frac{1\cdot 2\cdot 3}{6}=1$

(ii) $r=2$인 경우, (좌변) $=1+(1+2)=4$, (우변) $=\dfrac{2\cdot3\cdot4}{6}=4$

(iii) $r \le k-1$인 경우 $(k \ge 3)$ 주어진 등식이 참이라고 가정하자.

$$\begin{aligned} t_1+t_2+\cdots+t_k &= (t_1+t_2+\cdots+t_{k-2})+(t_{k-1}+t_k) \\ &= \frac{(k-2)(k-1)k}{6}+k^2 = \frac{k(k+1)(k+2)}{6} \end{aligned}$$

즉, $r=k$인 경우에도 주어진 등식은 참

8. (2) $272=119\times2+34$

$119=34\times3+17$

$34=17\times2$

$\therefore\ \gcd(119,\ 272)=17$

$17=119-3\times34$

$\quad=19-3(272-119\times2)$

$\quad=119\times7+272\times(-3)$

$\therefore\ x=7,\ y=-3$

10. $a\not\equiv0\ (\text{mod}2)$이면 $a+1\equiv0\ (\text{mod}2)$이므로 $2|a(a+1)$

$a\not\equiv0\ (\text{mod}3)$이고 $a+1\not\equiv0\ (\text{mod}3)$이면 $a+2\equiv0\ (\text{mod}3)$이므로 $3|a(a+1)(a+2)$

12. 먼저 $\gcd(198,\ 288)$을 구하자.

$288=198\times1+90$

$198=90\times2+18$

$90=18\times5$

$\therefore\ \gcd(198,\ 288)=18$

$18=198-2\times90$

$\quad=198-2(288-198)$

$\quad=198\times3+288\times(-2)$ $\quad\cdots$ ①

$\gcd(18,512)$를 구해보면,

$512=18\times28+8$

$18=8\times2+2$

$8=2\times4$

$\therefore \gcd(18,512)=2$

$2=18-2\times8$

$\quad=18-2(512-28\times18)$

$\quad=18\times57+512\times(-2)$ $\quad\cdots$ ②

①, ②에서 $2 = 57\times198\times3 + 288\times(-2) + 512\times(-2)$

$= 198\times171 + 288\times(-114) + 512\times(-2)$

$\therefore x = 171,\ y = -114,\ z = -2$

6. 디오판토스 방정식과 소인수분해

2. $12y+30z=6s$라 하고 $15x+6s=24$를 구하자.

$x_0=2,\ s_0=-1$이 특수해이므로 $x=2+\frac{6}{3}k,\ s=-2-\frac{15}{3}k$ (k는 정수)가 일반해이다.

이제 $12y+30z=6(-1-5k)$에서 $y,\ z$를 구한다.

$12\times(-2)+30\times(1)=6$의 양변에 $(-1-5k)$를 곱하면,

$y_0=2+10k,\ z_0=-1-5k$가 특수해이므로

$y=2+10k+\frac{30}{6}t,\ z=-1-5k-\frac{12}{6}t$ (t는 정수)가 일반해이다.

$\therefore x=2+2k,\ y=2+10k+5t,\ z=-1-5k-2t$ ($k,\ t$는 정수)

4. 어른 입장객 수$=x$, 아이 입장객 수$=y$라 하자. $(x>y\geq 0)$

$180x+750y=90000$을 구하면, $\gcd(1800,\ 750)=150$이고

$180\times(-2)+750\times(5)=150$이므로 이 식의 양변에 600을 곱하면,

$x_0=-1200,\ y_0=3000$이 특수해이다.

$\therefore x=-1200+\frac{750}{150}t=5t-120,\ y=3000-\frac{1800}{150}t=-12t+3000$ (t는 정수)

$5t-1200>-12t+3000$에서 $17t>4200$ 즉, $t\geq 248$

$y\geq 0$에서 $t\leq 250$

$\therefore t=248$일 때 $x=40,\ y=24$

$t=249$일 때 $x=45,\ y=12$

$t=250$일 때 $x=50,\ y=0$

6. $\sqrt{2}$가 유리수라고 가정하자. $\sqrt{2}=\frac{b}{a}$ ($a,\ b$는 서로소인 정수) 꼴로 쓸 수 있다.

양변을 제곱하면, $b^2=2a^2$이므로 b^2은 2의 배수이고 따라서 b도 2의 배수이다.

$b=2k$ (k는 정수)라 하면 $2a^2=4k^2$에서 $a^2=2k^2$이므로 a^2도 2의 배수이고 따라서 a도 2의 배수이다.

즉 $\gcd(a,\ b)\geq 2$이므로 $\gcd(a,\ b)=1$에 모순이다.

$\therefore \sqrt{2}$는 무리수이다.

8. (2) (i) n이 짝수이면 $3n+2$는 2의 배수이고 $2=3\cdot 0+2$이므로 주어진 조건을 만족한다.

(ii) n이 홀수이면 만일 $3n+2$ 꼴의 소수 인수를 갖지 않는다면 주어진 수는 $3n+1$ 꼴의 소수 인수들의 곱으로 표현되고 $(3n+1)$ 꼴의 수들의 곱은 3으로 나누어 나머지가 1이므로 모순이다.

즉 $3n+2$ 꼴의 소수 인수를 갖는다.

(4) $p=2n-1(n\geq 3)$ 꼴의 소수라 하자.

$p^2+2=(2n-1)^2+2=4n^2-4n+3=(2n-3)(2n+1)$이고 $2n-3\geq 3$이므로 p^2+2는 합성수이다.

(6) n이 4보다 큰 합성수이므로 $n=ab\,(a,b\leq n-1)$ 꼴로 쓸 수 있다.

따라서 $n|(n-1)!$이다.

10. (2) $1^2+1=2,\ 2^2+1=5,\ 4^2+1=17,\ 6^2+1=37,\ 10^2+1=101$

(4) $10=13-3=17-7=23-13=29-19=41-31=47-37=53-43$

$=71-61=83-73=89-79$

12. $f(n)=a_kn^k+a_{k-1}n^{k-1}+\cdots+a_0\,(a_k\neq 0,\ k\geq 1)$이라고 하자.

만일 $f(n_0)$가 소수라면, $t\geq 1$인 정수라 할 때

$$\begin{aligned} f(n_0+tp)&=a_k(n_0+tp)^k+a_{k-1}(n_0+tp)^{k-1}+\cdots+a_0\\ &=(a_kn_0^k+a_{k-1}n_0^{k-1}+\cdots+a_0)+p\cdot Q(t) \quad (\text{이항정리})\\ &=f(n_0)+p\cdot Q(t) \end{aligned}$$

이므로 $f(n_0+tp)$는 $f(n_0)$보다 큰 p의 배수이다.

7. 일차합동식과 응용

2. (2) $a=4k\pm 1$ 꼴로 쓸 수 있다.

(i) $n=1$일 때

$a^2=(4k\pm 1)^2=16k^2\pm 8k+1$이므로, $a^2\equiv 1 \pmod 8$이다.

(ii) $a^{2^k}\equiv 1 \pmod{2^{k+2}}$를 가정하자.

그러면 적당한 자연수 t가 존재해서 $a^{2^k}=t\cdot 2^{k+2}-1$ 꼴로 쓸 수 있다.

따라서 $a^{2^{k+1}}=(a^{2^k})^2=(t\cdot 2^{k+2}-1)^2=t^2\cdot 2^{2k+4}-n\cdot 2^{k+3}+1$이므로

$a^{2^{k+1}}\equiv 1 \pmod{2^{k+3}}$이다.

(i), (ii)에 의해, $a^{2^n}\equiv 1 \pmod{2^{n+2}}$

4. (2) $\gcd(55, 40)=5$이고 $5 \nmid 33$이므로 해가 없다.

(4) $-85x \equiv 2 \pmod{97} \Leftrightarrow 12x \equiv 2 \pmod{97}$이고

$\gcd(12, 97)=1$이므로 해가 1개 존재한다.

$1=12\times(-8)+97$로부터 $2=12\times(-16)+97\times 2$이므로

$2 \equiv 12\times(-16) \pmod{97}$에서 해 $x_0 \equiv -16 \equiv 81 \pmod{97}$을 얻는다.

6. $17x \equiv 3 \pmod{2} \Leftrightarrow x \equiv 1 \pmod{2}$

$17x \equiv 3 \pmod{3} \Leftrightarrow x \equiv 0 \pmod{3}$

$17x \equiv 3 \pmod{5} \Leftrightarrow x \equiv 4 \pmod{5}$

$17x \equiv 3 \pmod{7} \Leftrightarrow x \equiv 1 \pmod{7}$

이므로 정리 7.4에서

$N_1=105,\ N_2=70,\ N_3=42,\ N_4=30$이고

$105x \equiv 1 \pmod{2},\ 70x \equiv 1 \pmod{3},\ 42x \equiv 1 \pmod{5},\ 30x \equiv 1 \pmod{7}$을 풀면

$x_1=1,\ x_2=1,\ x_3=3,\ x_4=4$를 얻는다.

따라서 연립 일차합동식의 해는

$\overline{x}=1\cdot 105\cdot 1+0\cdot 70\cdot 1+4\cdot 42\cdot 3+1\cdot 30\cdot 4=729$이고,

법 210을 사용하면, 유일한 해는 $\overline{x}=729 \equiv 99 \pmod{2\cdot 3\cdot 5\cdot 7}$이다.

8. $x \equiv 1 \pmod{2},\ x \equiv 2 \pmod{3},\ x \equiv 3 \pmod{4},\ x \equiv 4 \pmod{5},\ x \equiv 5 \pmod{6}$이므로

$x+1 \equiv 0 \pmod{2^2\cdot 3\cdot 5}$이다. 이 합동식을 만족하는 최소 자연수 x는 59이다.

10. (2) 0 (4) 7

12. (2) 5 (4) 7 (6) 5

8. 함수

2. (2) $(g\circ f)(x)=g(f(x))=\sqrt{f(x)}=\sqrt{4-x^2}$이고 정의역은 $[-2, 2]$

(4) $(g\circ g)(x)=g(g(x))=\sqrt{\sqrt{x}}=\sqrt[4]{x}$이고 정의역은 $[0, \infty)$

4. (2) $g(x)=f(x+1)-3=\sqrt{x+3}-3$

(4) $g(x)=-f(x)-2=2x^2-3$

(5) $g(x)=-(f(-x)+3)=\dfrac{2}{x}-3$

6. (2) $\sqrt{3}$ (4) $\dfrac{1}{2}$ (6) 1 (8) 20 (10) 0

7. (2) $y=3^{-x+1}+5$는 $y=\left(\frac{1}{3}\right)^x$의 그래프를 오른쪽으로 1만큼 수평 이동하고 위로 5만큼 수직 이동한 그래프를 갖는다. 따라서 정의역은 실수 전체이고 치역은 $\{y|y>5\}$인 전단사함수이다. 역함수는 $y=-\log_3(x-5)+1=\log_{\frac{1}{3}}(x-5)+1$이고 역함수의 정의역은 $\{x|x>5\}$이다.

(4) $y=\sqrt{3-e^{2x}}$의 정의역은 $3-e^{2x}\geq 0$인 범위를 구하면 $x\leq\frac{1}{2}\ln 3=\ln\sqrt{3}$이다.

$0\leq 3-e^{2x}\leq 3$이므로 치역은 $0\leq y\leq\sqrt{3}$이다.

따라서 함수 $y=\sqrt{3-e^{2x}}$는 $(-\infty, \ln\sqrt{3}]\to[0, \sqrt{3}]$인 전단사함수이다.

역함수는 $y=\frac{1}{2}\ln(3-x^2)=\ln\sqrt{3-x^2}$이고 역함수의 정의역은 $[0, \sqrt{3}]$이다.

(6) $y=\log_2(x^3+1)$은 $[-1, \infty)\to\mathbb{R}$인 전단사함수이다.

따라서 역함수는 $y=\sqrt[3]{2^x-1}$이고 정의역은 실수 전체이다.

8. (2) $f^{-1}(4)=a$라 두고 $f(a)=4$인 a를 찾는다. 따라서

$$f(a)=\frac{2^a+1}{2^a-1}=4$$

를 풀면 $2^a=\frac{5}{3}$이다. 양변에 로그를 취하면 $a=\log_2\frac{5}{3}$이다.

10. (2) 힌트: $f(x)=-f(-x)$임을 보이면 된다.

즉, 로그의 성질을 이용하여 $f(x)+f(-x)=0$임을 보여라.

9. 방정식과 부등식

2. $x=-3$

4. $X=\frac{x^2+3x}{2}$로 놓고 주어진 방정식을 고치면 $X-\frac{9}{X}=8$로 된다.

이것을 풀면 $X=9$ 또는 $X=-1$이다.

먼저 $\frac{x^2+3x}{2}=9$를 풀면 $x=-6$ 또는 $x=3$을 얻는다.

$\frac{x^2+3x}{2}=-1$을 풀면 $x=-2$ 또는 $x=-1$을 얻는다.

이 중 무연근이 없으므로 해는 $x=-6$ 또는 $x=-2$ 또는 $x=-1$ 또는 $x=3$이다.

6. $x=-\frac{5}{2}$

8. $x=-2$ 또는 $x=-1$

10. $x=3$ 또는 $x=-1$

12. $x=\frac{\ln 9}{2}=\ln 3$

14. $x=4^{256}$

16. $a\neq-1$인 모든 실수

18. $-1<k<-\frac{3}{4}$

20. $x<-1$, $2<x<4$

22. x^2-x+1은 항상 양수이므로 양변에 곱하여 풀면 해는 $1<x<2$

24. $\frac{1}{2}<x<\frac{3}{2}$

26. $1<x<1000$

28. $x>8$ 힌트 : 밑이 $x>1$인 경우와 $0<x<1$인 경우로 나누어서 푼다.

10. 극한과 연속

3. $[0,\ 1)$에서 $f(x)=x-[x]=x$이고 $[1,\ 2)$에서 $f(x)=x-[x]=x-1$이므로

$$\lim_{x\to1+}(x-[x])=0\text{이고 }\lim_{x\to1-}(x-[x])=1$$

4. (1) $$\lim_{x\to\frac{\pi}{2}}\frac{1-\sin x}{\cos^2 x}=\lim_{x\to\frac{\pi}{2}}\frac{1-\sin x}{1-\sin^2 x}=\lim_{x\to\frac{\pi}{2}}\frac{1-\sin x}{(1-\sin x)(1+\sin x)}$$
$$=\lim_{x\to\frac{\pi}{2}}\frac{1}{1+\sin x}=\frac{1}{1+\sin\frac{\pi}{2}}=\frac{1}{2}$$

(2) $\left|x^2\sin\frac{1}{x}\right|=|x^2||\sin\frac{1}{x}|$이고 $\left|\sin\frac{1}{x}\right|\leq 1$이므로

$$\left|x^2\sin\frac{1}{x}\right|\leq|x^2|=|x|^2,\quad x\neq0$$

이다. 따라서 $\lim_{x\to0}|x^2|=0$이므로 $\lim_{x\to0}x^2\sin\frac{1}{x}=0$이다.

6. (1) $f(x)=x\sin(1/x)$은 점 $x=0$에서 정의되지 않으므로 f가 $x=0$에서 연속이 아니다.

(2) $|x\sin(1/x)| \le |x|$이므로 $\lim_{x\to 0} f(x)=0=f(0)$은 존재한다. 따라서 f는 $x=0$에서 연속이다.

9. (5) $f(x)=(x^2-1)\cos x+\sqrt{2}\sin x$라고 두면 $f(x)$는 $[0,\pi/2]$에서 연속이고,

$$f(0)=-1<0,\ f(\frac{\pi}{2})=\sqrt{2}>0$$

이다. 따라서 중간값의 정리에 의해 $f(x_1)=0$이 되는 $x_1(0<x_1<\pi/2)$이 적어도 한 개 존재한다.

11. 미분

9. $f(x)$는 다항함수이므로 닫힌 구간 $[1, 3]$에서 연속이고, 열린 구간 $(1, 3)$에서 미분가능하다. 이때 $f(1)=f(3)=0$이다.

$f'(x)=2x-4$에서 $f'(c)=0$이면 $2c-4=0$이므로 $c=2$

11. 함수 $f(x)$는 감소함수이어야 하므로 $f'(x)=3ax^2+6x+3a \le 0$

(i) $a=0$이면 성립하지 않으므로 $a \neq 0$이다.

(ii) $a<0$일 때, $\frac{D}{4}=3^2-3a\cdot 3a \le 0$에서 $a^2 \ge 1$

$$\therefore a \le -1$$

따라서 구하는 a값의 범위는 $a \le -1$이다.

12. $f'(x)=3x^2+2ax+3 \ge 0$이어야 하므로

$\frac{D}{4}=a^2-9 \le 0$이다. 따라서 $-3 \le a \le 3$

13. $f'(x)=-3(x-1)(x-3)=0$에서 $x=1$ 또는 $x=3$이다.

$x=3$에서 극대이고, 극댓값은 $f(3)=2$

$x=1$에서 극소이고, 극솟값은 $f(1)=-2$

따라서 극댓값과 극솟값의 합은 $2+(-2)=0$

14. $f(x)=x^3-3kx^2+32$로 놓으면 $f'(x)=3x^2-6kx=3x(x-2k)=0$에서 $x=0$ 또는 $x=2k$이다.

$$f(0)f(2k)=32(-4k^3+32)<0\text{에서 } k^3>8$$

따라서 $k>2$

17. $f(x)=e^x$는 $\mathbb{R}$에서 미분가능하고 $f'(x)=e^x$, $f'(0)=1$이므로 $e^{0.05}$의 근삿값은

$$e^{0.05}=f(0.05)\fallingdotseq f(0)+0.05f'(0)=1+0.05=1.05$$

18. $g(x)=\dfrac{f(x)-f(a)}{x-a}$를 미분하면

$$g'(x)=\frac{f'(x)(x-a)-\{f(x)-f(a)\}}{(x-a)^2}$$

$a<x<b$일 때 $f(x)$는 $(a,\ x)$에서 미분가능하므로 평균값 정리에 의해

$$f(x)-f(a)=f'(c)(x-a)\ \ (a<c<x)$$

이다. 따라서

$$g'(x)=\frac{\{f'(x)-f'(c)\}(x-a)}{(x-a)^2}=\frac{f'(x)-f'(c)}{x-a}$$

이다. $f'(x)$는 증가함수이고 $x>c$이므로 $f'(x)>f'(c)$이다. 따라서 $g'(x)>0$이 되어 $g(x)$는 $(a,\ b)$에서 증가한다.

20. $f(x)=\sin x$라 하면 $f'(x)=\cos x$이다.
$f(x)$는 $[\alpha,\ \beta]$에서 연속이고, $(\alpha,\ \beta)$에서 미분가능하므로 평균값 정리에 의하여

$$f(\beta)-f(\alpha)=\sin\beta-\sin\alpha=(\beta-\alpha)\cos r_1\,(\alpha<r_1<\beta)$$

을 만족하는 r_1이 존재한다.

$0<\alpha<r_1<\beta<\dfrac{\pi}{2}$에서 $0<\cos r_1<1$이다.

따라서 $\sin\beta-\sin\alpha<\beta-\alpha$가 성립한다.
또한 $g(x)=\tan x$라 하면 $g'(x)=\sec^2 x$이다.
$g(x)$는 $[\alpha,\ \beta]$에서 연속이고, $(\alpha,\ \beta)$에서 미분가능하므로 평균값 정리에 의하여

$$g(\beta)-g(\alpha)=\tan\beta-\tan\alpha=(\beta-\alpha)\sec^2 r_2\,(\alpha<r_2<\beta)$$

을 만족하는 r_2이 존재한다.

$0<\alpha<r_2<\beta<\dfrac{\pi}{2}$에서 $1<1/\cos^2 r_2=\sec^2 r_2$이다.

따라서 $\beta-\alpha<\tan\beta-\tan\alpha$가 성립한다.

23. 깔때기의 윗면의 반지름의 길이를 r, 높이를 x로 놓으면

$$r^2=36-x^2\ \text{ 즉, (부피)}=\frac{1}{3}\pi r^2x=\frac{1}{3}\pi(36-x^2)x$$

$f(x)=\dfrac{1}{3}\pi(36-x^2)x$로 놓으면

$$f'(x)=\frac{1}{3}\pi(36-3x^2)=0\text{에서 } x=\sqrt{12}\ (\because x>0)$$

x	0	$\cdots$	$\sqrt{12}$	$\cdots$	6
$f'(x)$		+	0	−	
$f(x)$	0	↗	$16\sqrt{3}\pi$	↘	5

위 증감표에서 $x=\sqrt{12}$일 때 $f(x)$는 최댓값을 가지므로

$$r^2=36-x^2=36-12=24$$
$$\therefore r=\sqrt{24}=2\sqrt{6}$$

24. 전체 건축비는 $ax^2+2a\cdot 4xy+3a\cdot x^2=ak^2$

$$\therefore 4x^2+8xy=k^2 \quad \cdots ①$$

창고의 부피를 $f(x)$라고 하면

$$f(x)=x^2y=x\cdot\frac{k^2-4x^2}{8}\ (\because ①)$$

$$\therefore f(x)=-\frac{1}{2}x^3+\frac{k^2}{8}x\left(0<x<\frac{k}{2}\right)\ (\because 8xy=k^2-4x^2>0)$$

$$f'(x)=-\frac{3}{2}x^2+\frac{k^2}{8}=0\text{에서 } x=\frac{k}{2\sqrt{3}}$$

따라서 $x=\dfrac{k}{2\sqrt{3}}$에서 $f(x)$는 극대이면서 최대이고, ①에서 $y=\dfrac{k}{2\sqrt{3}}$이므로 $\dfrac{y}{x}=1$

12. 비밀이 많은 오일러 수와 이자 계산

2. (1) $x>0$일 때 아르키메데스의 정리에 의하여 $n\le x<n+1$을 만족하는 자연수 n이 존재한다.

$1+\dfrac{1}{n}\ge 1+\dfrac{1}{x}>1+\dfrac{1}{n+1}$이므로

$\left(1+\dfrac{1}{n}\right)^{n+1}>\left(1+\dfrac{1}{x}\right)^{x}>\left(1+\dfrac{1}{n+1}\right)^{n}$이 된다.

$$\lim_{n\to\infty}\left(1+\frac{1}{n}\right)^{n+1}=\lim_{n\to\infty}\left(1+\frac{1}{n}\right)^{n}\cdot\lim_{n\to\infty}\left(1+\frac{1}{n}\right)=e$$

$$\lim_{n\to\infty}\left(1+\frac{1}{n+1}\right)^{n}=\lim_{n\to\infty}\left(1+\frac{1}{n+1}\right)^{n+1}\cdot\lim_{n\to\infty}\left(1+\frac{1}{n+1}\right)^{-1}=e$$

이므로 $\displaystyle\lim_{x\to\infty}\left(1+\frac{1}{x}\right)^{x}=e$이다.

(3) $h=\frac{1}{x}$로 두면 $x\to 0+$일 때 $h\to\infty$이므로 주어진 식을 h에 관한 극한식으로 고쳐 계산할 수 있다.

3. (1) $m=n^2$으로 두면 $n\to\infty$일 때 $m\to\infty$이므로

$$\lim_{n\to\infty}\left(1+\frac{1}{n^2}\right)^{n^2}=\lim_{m\to\infty}\left(1+\frac{1}{m}\right)^m=e$$

(2) e^2

(3) $\sqrt{e}$

4. (1) $h=\frac{2}{3}x$로 두면 $x\to 0$일 때 $h\to 0$이고 $\frac{2}{x}=\frac{4}{3h}$이다. 따라서

$$\lim_{x\to 0}\left(1+\frac{2}{3}x\right)^{\frac{2}{x}}=\lim_{h\to 0}(1+h)^{\frac{4}{3h}}=\lim_{h\to 0}\left[(1+h)^{\frac{1}{h}}\right]^{\frac{4}{3}}=e^{\frac{4}{3}}$$

(3) $\frac{1}{e^2}$

13. 황금비

2. 황금삼각형은 꼭지각이 36°, 밑각이 72°인 이등변 삼각형이다. 정오각형의 성질을 이용하여 구할 수 있으므로 20개이다.

4. 215쪽의 그림 13-11에서와 같이 주어진 변 AB를 한 변으로 하는 황금삼각형을 그린다. 그런 다음 각 꼭짓점에서 반지름의 길이가 $\overline{\mathrm{AB}}$인 원을 그리고 그 원의 교점을 연결하면 한 변이 $\overline{\mathrm{AB}}$인 정오각형이 된다.

14. 여러 재미있는 수학

2. 직사각형의 면적은 ab이므로 길이가 $\sqrt{ab}$인 선분을 작도하면 된다. 정리 14.2를 이용한다.
(단계 1) 그림 14-1과 같이 지름이 $a+b$인 원을 그린다.
(단계 2) 선분이 길이가 a인 지점에서 지름에 수직인 직선을 긋는다.
(단계 3) 수직선과 원이 만나는 점까지의 선분의 길이가 $\sqrt{ab}$이다.(정리 14.2)
따라서 정사각형을 작도할 수 있다.

4. 부피는 밑면적과 높이의 곱이므로 같은 부피, 같은 높이의 캔을 만든다고 한다면 반드시 밑면적이 같아야 한다. 등주부등식에 따르면 면적이 같을 때, 그 둘레가 최소인 것은 원이라는 것이 잘 알려져 있다. 더구나 캔을 만들 때의 재료는 그 겉넓이이므로 겉넓이는 (밑면의 둘레)×(높이)이므로 결국은 원기둥이 겉넓이가 최소가 되는 것이다. 즉, 경제적으로 최소의 비용이 들어서 효과적이다.

찾아보기

ㅍ

ㅎ

참고문헌

[1] 김응태 · 박승안, 정수론(제4판), 경문사, 1998

[2] 김진효 외, 피보나치 수열과 황금비, 교우사, 2010

[3] 미적분학교재편찬위원회, 미분적분학, 북스힐, 2009

[4] 송석준, 수론의 이해, 제주대학교 출판부, 2004

[5] 송석준, 수와 논리, 청문각, 2013

[6] 양영오, 알기쉬운 해석학의 이해, 청문각, 2010

[7] 양영오, 정보수학, 경문사, 2003

[8] 이재원, 대학수학 Plus, 한빛아카데미, 2013

[9] 정승달, 곡선과 곡면의 미분기하학, 경문사, 2014

[10] 최설희 외, 조합수학, 경문사, 2001

[11] 황석근 외, ENV 이산수학, 교우미디어, 2012

[12] J. Agnew, Explorations in number theory, Brooks/Cole Publishing Company, 1972

[13] R.A.Brualdi, Introductory combinatorics, Prentice Hall, 1999

[14] D. M. Burton, Elementary number theory, Allyn and Bacon, Boston, 1980

[15] T. W. Hungerford, Abstract Algebra, Sanuders College Publishing, 1990

[16] B.W. Jackson and D. Thoro, Applied combinatorics with problem solving, Addison Wesley, 1990

[17] H. N. Shapiro, Introduction to the theory of numbers, John Wiely and Sons, New York, 1983

[18] Robert T. Smith, Roland B. Minton, Calculus, McGraw-Hill Science, 2013

2판

수리적 사고와 논리

2018년 8월 20일 2판 1쇄 펴냄 | 2020년 4월 20일 2판 3쇄 펴냄
지은이 양영오 · 송석준 · 정승달 · 진현성 · 박진원
펴낸이 류원식 | 펴낸곳 (주)교문사(청문각)

편집부장 김경수 | 본문편집 OPS design | 표지디자인 신나리
제작 김선형 | 홍보 김은주 | 영업 함승형 · 박현수 · 이훈섭
주소 (10881) 경기도 파주시 문발로 116(문발동 536-2)
전화 1644-0965(대표) | 팩스 070-8650-0965
등록 1968. 10. 28. 제406-2006-000035호
홈페이지 www.cheongmoon.com | E-mail genie@cheongmoon.com
ISBN 978-89-363-1751-5 (93410) | 값 17,000원

* 잘못된 책은 바꿔 드립니다. * 저자와의 협의 하에 인지를 생략합니다.

청문각은 ㈜교문사의 출판 브랜드입니다.